杯子蛋糕轻松做

[日] 西山朗子　著
伊鸣　译

北京出版集团公司
北京美术摄影出版社

前 言

只需将各种各样的食材叠放在玻璃罐、瓷盘等家中现成的容器中，就能做出美味的杯子蛋糕，方法很简单。只需将食材层层叠放在一起，不必过于在意它们的形状，总之将它们都放在一起就绝对没有问题。

本书中的食谱使用的是很容易买到的食材和工具，活用市面上售卖的各种材料，无论是新手还是大忙人都可以轻松制作杯子蛋糕。

首先将需要使用的食材称重备用，接着阅读食谱，依序记住步骤，然后按照食谱制作杯子蛋糕。实际上，比起精准测量食材的用量，牢记需要使用的食材和制作步骤更能做出美味的杯子蛋糕。

如果把蛋糕装在大号容器中，可以一层一层地摆上各种食材，在大家的欢呼声中用勺子分着吃。使用小号的玻璃容器的话，可以仔细地将食材叠放好，然后一个人悠闲自在地品尝。将杯子蛋糕装入容器后，带去聚会也会大放异彩哦！

参照本书中介绍的各种食谱，放上各种各样的食材，应该可以做出更加美味的杯子蛋糕吧，请多多尝试。以这本书为契机，可以向大家传达制作甜品和享用甜品的乐趣，我真的是太高兴了。

西山朗子

目　录

第一部分
制作杯子蛋糕的基础

专　栏

第二部分
能让人大快朵颐的经典甜品

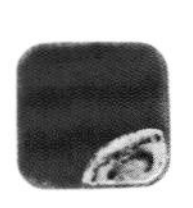

第三部分

制作简单
味道甜美的杯子蛋糕

第四部分

用市面上的材料
简单地做出的杯子蛋糕

本书的使用方法

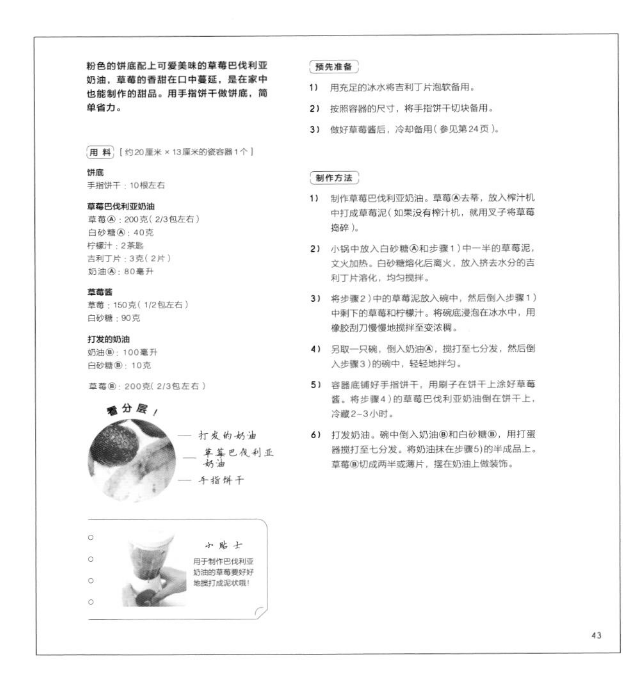

粉色的饼底配上可爱美味的草莓巴伐利亚奶油，草莓的香甜在口中蔓延，是在家中也能制作的甜品。用手指饼干做饼底，简单省力。

用 料 [约20厘米×13厘米的瓷容器1个]

饼底
手指饼干：10根左右

草莓巴伐利亚奶油
草莓Ⓐ：200克（2/3包左右）
白砂糖Ⓐ：40克
柠檬汁：2茶匙
吉利丁片：3克（2片）
奶油Ⓐ：80毫升

草莓酱
草莓：150克（1/2包左右）
白砂糖：90克

打发的奶油
奶油Ⓑ：100毫升
白砂糖Ⓑ：10克

草莓Ⓑ：200克（2/3包左右）

小贴士
用于制作巴伐利亚奶油的草莓要好好地搅打成泥状哦！

预先准备

1）用充足的冰水将吉利丁片泡软备用。
2）按照容器的尺寸，将手指饼干切块备用。
3）做好草莓酱后，冷却备用（参见第24页）。

制作方法

1）制作草莓巴伐利亚奶油。草莓Ⓐ去蒂，放入榨汁机中打成草莓泥（如果没有榨汁机，就用叉子将草莓捣碎）。
2）小锅中放入白砂糖Ⓐ和步骤1）中一半的草莓泥，文火加热。白砂糖熔化后离火，放入挤去水分的吉利丁片溶化，均匀搅拌。
3）将步骤2）中的草莓泥放入碗中，然后倒入步骤1）中剩下的草莓和柠檬汁。将碗底浸泡在冰水中，用橡胶刮刀慢慢地搅拌至变浓稠。
4）另取一只碗，倒入奶油Ⓐ，搅打至七分发，然后倒入步骤3）的碗中，轻轻地拌匀。
5）容器底铺好手指饼干，用刷子在饼干上涂好草莓酱。将步骤4）的草莓巴伐利亚奶油倒在饼干上，冷藏2~3小时。
6）打发奶油。碗中倒入奶油Ⓑ和白砂糖Ⓑ，用打蛋器搅打至七分发。将奶油抹在步骤5)的半成品上。草莓Ⓑ切成两半或薄片，摆在奶油上做装饰。

43

Ⓐ 写明了所用的容器尺寸及所用食材的大致用量。请按照实际使用的容器尺寸适当调整食材用量。

Ⓑ 写明了制作甜品时的预先准备，正式开始做甜品时会更加省时。海绵蛋糕、派皮等饼底需要提前做好，若没有足够时间自己做，可以用市面上售卖的食材代替。

Ⓒ 写明了甜品的制作方法。若使用了吉利丁，需要将半成品长时间冷冻至凝固，所以推荐事先读食谱，合理安排时间。

Ⓓ 对于看不到成品横截面的情况，本书附上了可以看到横截面的照片。

Ⓔ 写明了作为预先准备和制作方法补充的小贴士。掌握制作要领更容易上手，事先确认一下吧！

< 注 意 事 项 >

- 1汤匙=15毫升，1茶匙=5毫升。
- 在微波炉或烤箱中的烘烤时间为大致时间。由于机器的型号不同，会有些许的误差，请遵循该机器的说明，根据实际情况调整烘烤时间。
- 本书使用的微波炉为600瓦。
- 本书使用的鸡蛋为中等大小。
- 本书使用的水果为无农药水果。使用非无农药水果时，若需要使用果皮，请务必仔细清洗。
- 食物过敏者请避免使用会引起过敏的食物。万一发生过敏反应，请及时就医。

日文原书相关工作人员信息

摄影	尾岛翔太
设计	八木孝枝
造型	露木蓝
策划・编辑	喜田千裕
摄影协助	UTUWA

第一部分

制作杯子蛋糕的基础

本部分将介绍制作杯子蛋糕时所必需的用具与用料，还将介绍本书食谱中使用的饼底和顶部配料中的小点心的制作方法。

制作杯子蛋糕必需的基础用具

BASIC TOOL

从第 12 页起的食谱中，制作杯子蛋糕时使用的基本用具。

计量工具（E、J、Q）

用于计量原材料的用量。量勺分为汤匙和茶匙。推荐使用厨房电子秤。

搅拌碗（D）

用于搅拌食材。备好大小不同的搅拌碗会更加方便。

粉筛（G）

用于粉类用料过筛。推荐使用筛网细密的粉筛。

橡胶刮刀、刮板（N、O）

用于搅拌食材。刮板主要在制作面团时使用。

小锅（I）

用于加热少量食材，十分方便。

打蛋器、手持打蛋器（L、F）

用于搅拌或打发食材。

砧板、刀具（P）

用于切割食材。有小号水果刀会更加便利。

裱花袋、裱花嘴（H）

用于挤奶油或蛋白霜。本书使用圆形裱花嘴和星形裱花嘴。

刷子（K）

用于在饼底上刷糖浆等食材。使用后要洗净晾干。

抹刀（M）

用于将烘烤前的面团表面或奶油表面均匀抹平。

模具、网格晾架（B、C）

通常使用的模具尺寸为17厘米×8厘米×6厘米。刚烤好的点心可放在网格晾架上冷却。

擀面杖（A）

用于将面团均匀地擀开、擀平。长度为30厘米以上的擀面杖更加容易使用。

适合装杯子蛋糕的容器

CONTAINER FOR SCOOP CAKE

选择容器时要根据成果的尺寸来选择。是分开做成几小份还是做成完整的一大份呢?

陶瓷器皿(A、B)

陶瓷器皿经常用于准备食材，它可以放在冰箱中保存，适合用于制作杯子蛋糕。

玻璃器皿(C、D)

使用透明的玻璃器皿能够从侧面看到成品丰富的层次，还能享受成就感与乐趣。大号的玻璃器皿可以用来制作大分量的杯子蛋糕。

玻璃罐(E、G)

推荐用于制作可携带的杯子蛋糕。也可以用带盖子的玻璃罐。

高脚杯(F)

推荐用于制作单人份的甜点。成品外观会很时尚。

玻璃杯(H)

只要有玻璃材质的矮款杯子或小碟子，就可以轻松制作出好看的杯子蛋糕。

确认 ▷ **用带盖子的容器装杯子蛋糕可以直接保存，非常便利**

使用带有盖子的玻璃罐或者陶瓷器皿，不仅方便在冰箱里保存，还可以当作伴手礼送人或者带到聚会与人分享。

制作杯子蛋糕必需的基本用料

BASIC INGREDIENTS

从第 12 页起的食谱中，制作杯子蛋糕时使用的基本用料。

牛奶（A）

本书中使用的为全脂牛奶，并非脱脂牛奶。

奶油（B）

推荐使用脂肪含量为40%~42%的奶油，易于打发，口感浓厚。

黄油（C）

本书使用的为无盐黄油。根据食谱要求，有时黄油需要室温软化。

低筋面粉（D）

容易吸潮与吸收空气中的气味，所以需要放入密封容器中储存。

高筋面粉（E）

用于制作本书中的酥饼，比低筋面粉干爽光滑。

鸡蛋（F）

本书中使用的为中号鸡蛋。请选用新鲜的鸡蛋。

白砂糖（G）

主要用于制作杯子蛋糕。需放入密封容器中常温或冷藏保存。

糖粉（H）

晶粒比白砂糖更加细小，容易吸水结块，须放入密封容器保存。

香草豆荚（I）

用于增添香草香气与风味。使用时，剖开豆荚，取出香草籽。

香料（J）

本书中使用肉桂棒与大茴香。特点是具有独特的香气与味道。

盐（K）

用于制作咸味脆饼。

泡打粉（L）

膨松剂的一种。主要用于制作蛋糕或面包，可以使面团膨发。

杏仁粉（M）

杏仁的粉末。用于增添酥粒的味道。

白葡萄酒（N）

用于制作蜜饯果品。不会过于甜腻，适合成人的口味。

柠檬汁（O）

本书使用日本产无农药柠檬。如果需要柠檬皮碎屑，在榨汁前将柠檬皮擦出细屑。

本书使用的制作杯子蛋糕的其他用料

OTHER INGREDIENTS

介绍本书食谱中主要使用的调味品、顶部配料等用料。

市面上售卖的半成品

海绵蛋糕・冷冻派皮

使用能够在商店买到的海绵蛋糕和冷冻派皮可轻松制作杯子蛋糕。剩余部分可以覆上保鲜膜冷冻保存。

饼干

本书使用全麦饼干与全麦手指饼干。推荐使用原味饼干，不会影响奶油和水果的味道。

果酱

用于夹在不同食材之间或涂抹在表面。本书使用蓝莓酱、草莓酱、杧果酱和栗子酱。

备用用料

吉利丁

吉利丁分为片状和粉状两种。要好好控制温度，否则吉利丁粉容易结块，这里推荐使用方法更加简单的吉利丁片。使用吉利丁片时，需要将它放在充足的冰水中泡软。不过，如果想要制作晶莹剔透的果冻类甜品，吉利丁粉会更加适合，它不会产生白色沉淀物。

利口酒

用于为成人享用的甜点增添风味。本书使用商店的糕点制作专区销售的樱桃白兰地和库拉索酒。

粉类用料

用于给面团增添味道。本书会使用可可粉和抹茶粉，而且最好选用无糖的可可粉。

基本甜品的制作方法

BASIC RECIPE

介绍本书食谱中使用的饼底或备用用料的制作方法。

NO ①

海绵蛋糕

SPONGE CAKE

海绵蛋糕口感柔软，与鲜奶油搭配口感超群，经常在食谱中出现。好好掌握制作的基本步骤吧！

用 料 [约27厘米 × 27厘米的烤盘1个]

鸡蛋：3枚

白砂糖：60克

低筋粉：50克

①

在烘焙纸上方，用粉筛将低筋面粉过筛。

②

将鸡蛋放入搅拌碗中，用手持打蛋器打散。

③

搅打至蛋液充分混合。

④

倒入白砂糖。

⑤

打发蛋液。窍门是稍微倾斜搅拌碗，使空气混入。

⑥

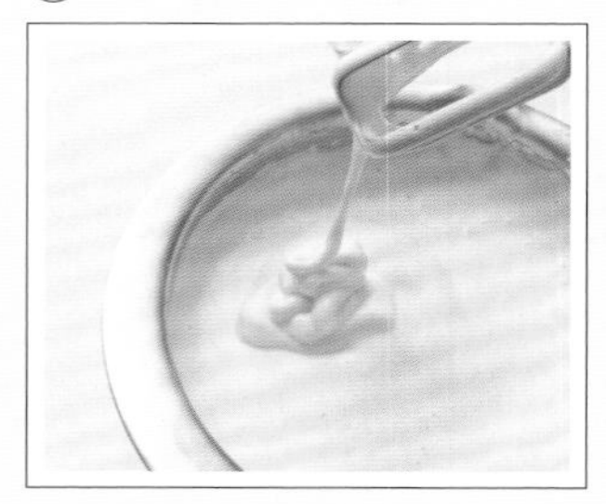

将蛋液打发至颜色偏白，提起后如丝带般落下。

倒入筛过的低筋面粉，用橡胶刮刀从碗底向上充分搅拌直至混合均匀。

⑧

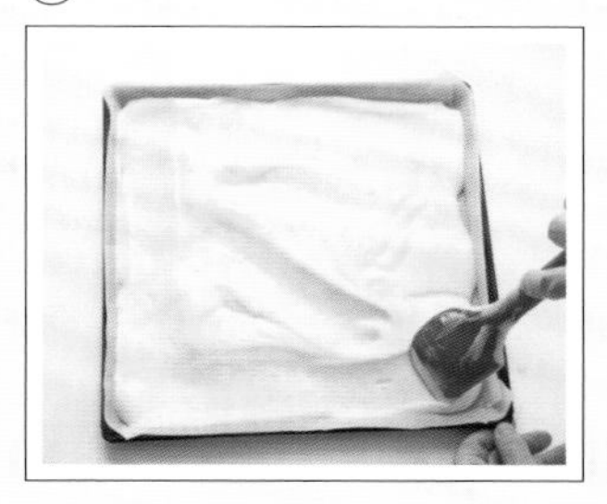

在烤盘里铺上垫纸，缓缓倒入面糊。将面糊铺开至烤盘的四角。

⑨

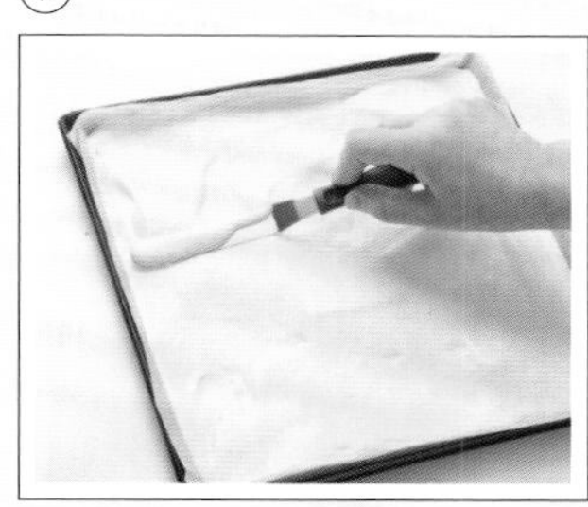

用抹刀将面糊的表面抹匀。

⑩

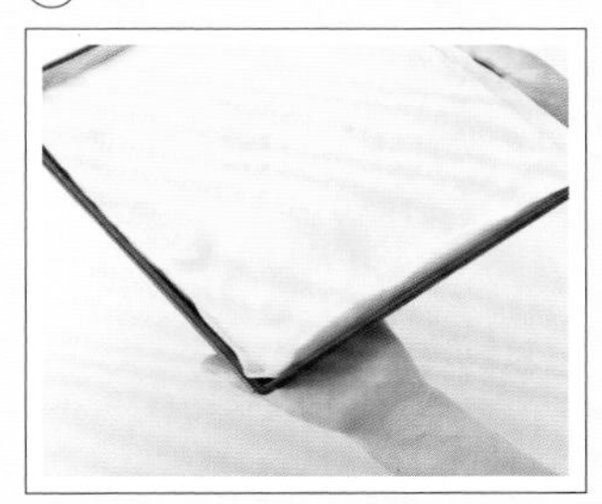

用手掌拍打烤盘的底部，排出大气泡，放入200℃预热好的烤箱中，烘烤10~12分钟。

⑪

表面烤至焦黄就完成了。将饼底从烤盘中取出，放在网格晾架上冷却。

⑫

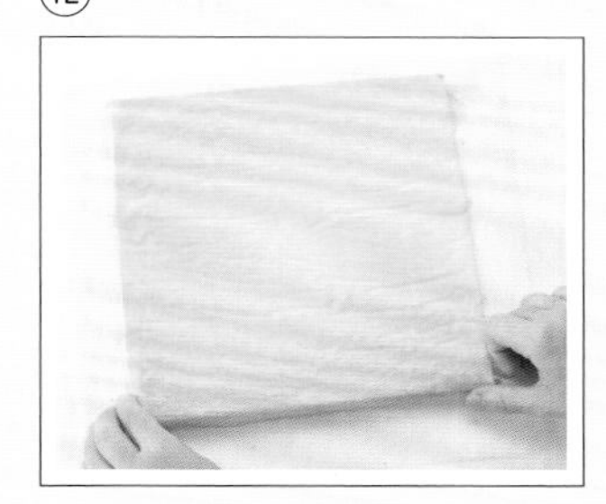

稍稍冷却后，将饼底翻过来放在晾架上至完全冷却。

小贴士

加入调味粉制作饼底也没问题！

可可粉

制作巧克力或抹茶等不同口味的饼底也是手工蛋糕的乐趣所在。使用调味粉时，需要将调味粉在步骤①中与低筋面粉一起过筛。巧克力味使用可可粉，抹茶味则使用抹茶粉。此时海绵蛋糕的食材用量也会变化。巧克力口味：可可粉15克（低筋面粉40克）；抹茶口味：抹茶粉1汤匙（低筋面粉用量不变）。

NO ②

磅蛋糕

BUTTER CAKE

与海绵蛋糕相比，磅蛋糕质地更加细腻，是一款适合与卡仕达酱搭配的饼底。也可以按照喜好灵活运用哦！

用 料 [17厘米×8厘米×6厘米的磅蛋糕模具1个]

黄油：80克
白砂糖：80克
鸡蛋：1+1/2枚
低筋面粉：90克
泡打粉：1/4茶匙

①

在烘焙纸上方，用粉筛将低筋面粉与泡打粉过筛。

②

室温软化黄油，切成边长1厘米的小方块，然后放入碗中。

③

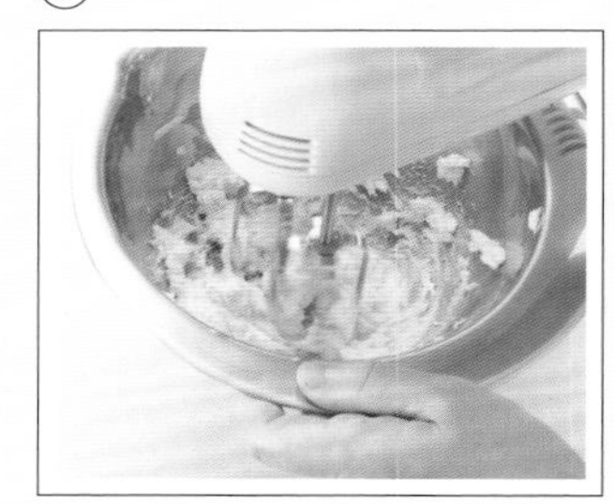

用手持打蛋器搅打至奶油状。

④

呈奶油状后，加入白砂糖。

⑤

用手持打蛋器搅打至颜色发白且蓬松。

⑥

倒入1/3打散的蛋液，用手持打蛋器搅打混合。注意不要一次性加入全部蛋液，否则容易造成油水分离。

⑦

重复步骤⑥，每次倒入 1/3 蛋液，用手持打蛋器搅打至混合均匀。

⑧

充分搅拌至照片中的状态。

⑨

倒入步骤①中筛过的低筋面粉和泡打粉。

⑩

用橡胶刮刀慢慢地从碗底向上充分搅拌直至混合均匀。

⑪

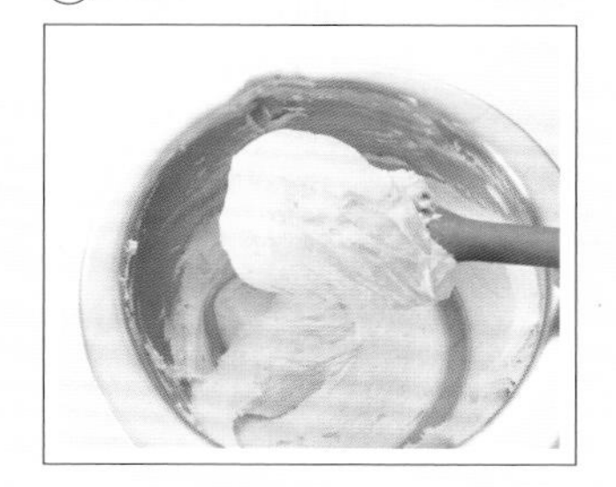

搅拌至面糊出现照片中的光泽。

⑫

在磅蛋糕模具中铺上烘焙纸或专用型号垫纸。

⑬

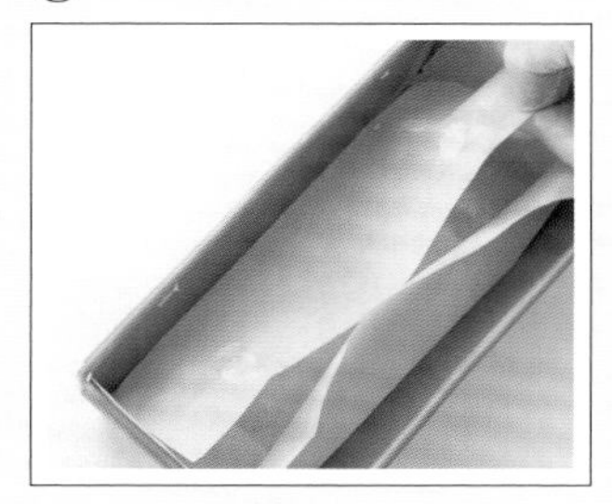

用手指蘸取一点做好的面糊，使垫纸贴合在模具上，方便倒入面糊。

⑭

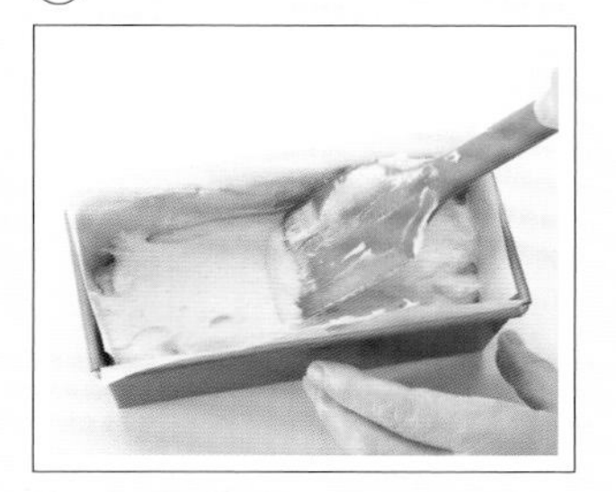

将面糊倒入模具，用橡胶刮刀将表面抹匀。放入 180℃ 预热好的烤箱中，烘烤 15 分钟后，调低温度至 170℃，烘烤 25 分钟左右。

⑮

表面烤至焦黄色，蛋糕膨发后取出，脱模放在晾架上冷却。

酥粒

CRUMBLE

除了作为饼底，还可以把酥粒当顶部配料撒在蛋糕上面，建议多做一些保存，方便使用。

用 料 [可制作约150克酥粒]

低筋面粉:40克
白砂糖:40克
杏仁粉:40克
盐:一小撮
黄油:40克

①

碗中倒入低筋面粉、杏仁粉、白砂糖和盐。

②

将冷藏的黄油切成边长1.5厘米的小方块，然后放入碗中。

③

用刮板在碗中切黄油并与粉类用料混合均匀。

④

粉类与黄油混合后，快速用手指揉搓面团，形成干爽的黄油粒。

⑤

烤盘里铺上烘焙纸，将黄油粒分散铺开。放入180℃预热好的烤箱中，烘烤20分钟左右。

⑥

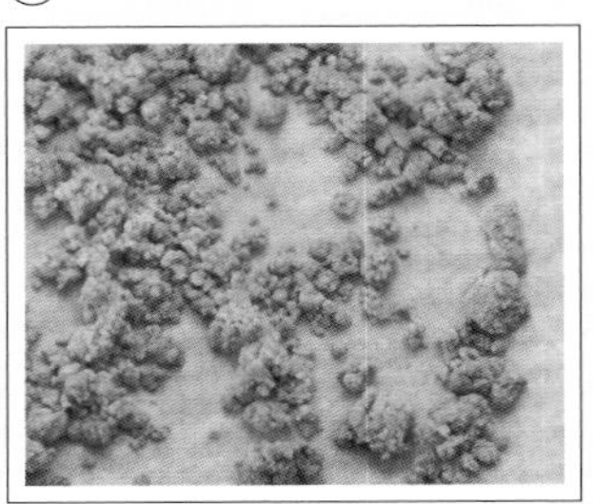

将所有酥粒烤至焦黄就完成了。从烤盘中取出，放在晾架上冷却。

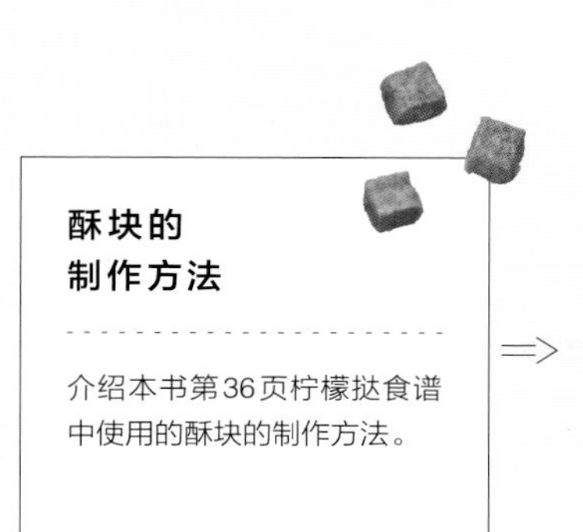

酥块的
制作方法

介绍本书第36页柠檬挞食谱中使用的酥块的制作方法。

①

前四个步骤与酥粒的制作方法相同。

②

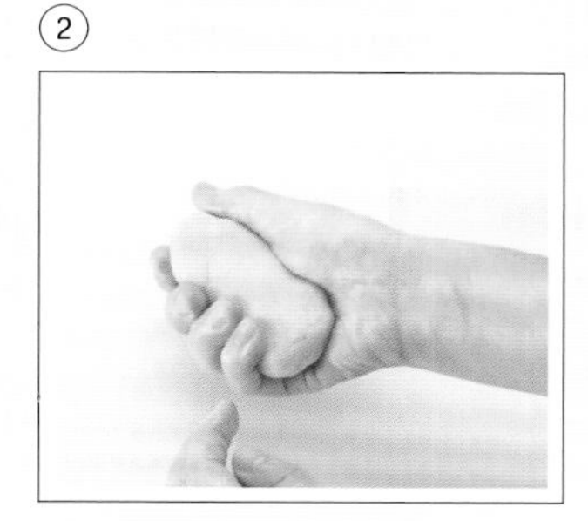

用手将步骤①中的黄油粒捏成柱形面团。

③

面团放在两片保鲜膜中间。为方便接下来擀开面团，上面的保鲜膜与面团间留少许空气。冷藏1小时左右。

④

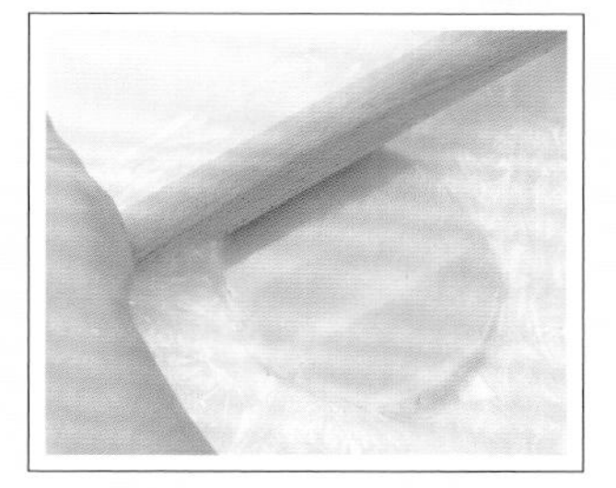

用擀面杖在保鲜膜上将面团擀开至3毫米厚。

⑤

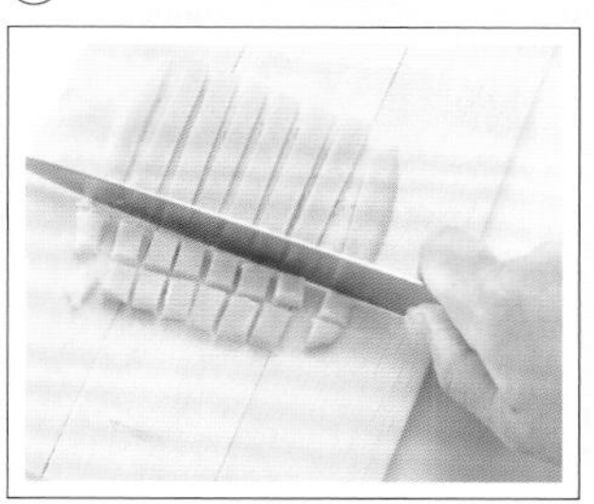

将面团切成边长1厘米大小的酥块。

⑥

烤盘里铺上烘焙纸，将酥块分散铺开，避免粘在一起。放入180℃预热好的烤箱中，烘烤20分钟左右。

⑦

将所有酥块烤成焦黄色，变成硬硬的小方块就完成了。从烤盘中取出，放在晾架上冷却。

酥块不仅能够作为甜品的饼底，还可以撒在甜品上方做配料，用途广，可以随心所欲地使用。

★面团在烘烤前冷冻的话，可以保存两周左右。

NO ④

脆饼

SHORT CRUST PASTRY

可以使用从商店购买的冷冻派皮制作，但是亲手制作的脆饼黄油香味更浓，来挑战手工脆饼吧！

用料 [可制作约18厘米 × 24厘米派皮一片]

低筋面粉：75克
高筋面粉：25克
盐：一小撮
白砂糖：1/4茶匙
黄油：75克
冷水：40毫升

①

碗中倒入所有粉类用料。将冷藏的黄油切成边长1厘米的小方块，然后放入碗中。用刮板在碗中切黄油并与粉类用料混合均匀。

②

倒入冷水，将所有食材揉成一团，用保鲜膜包好，冷藏3小时以上。

③

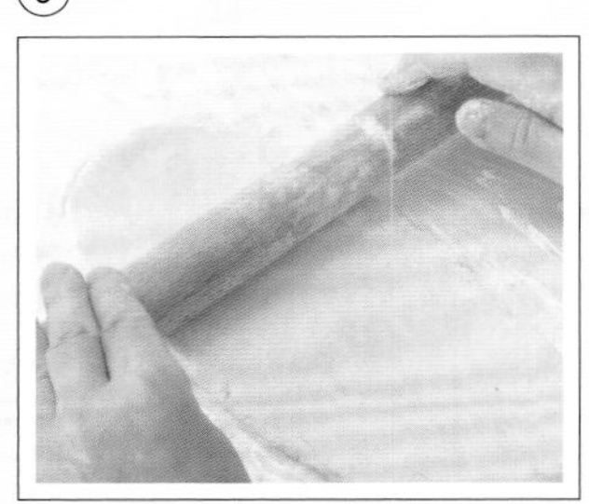

擀面杖上沾些面粉（不包含在用料中），将面团擀开至3毫米厚。

④

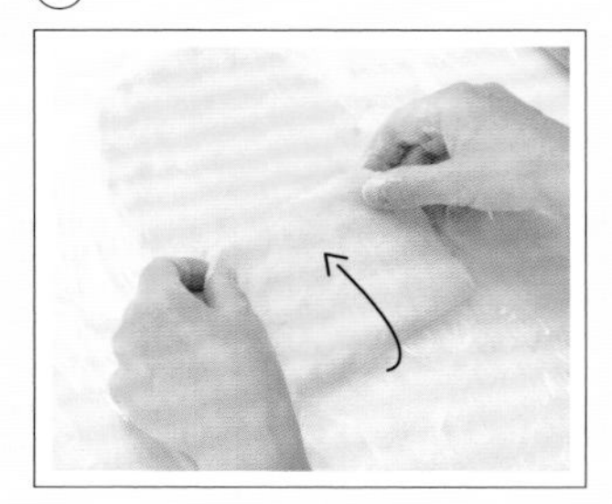

将整个面团折叠成三折。先提起较近的面团边缘，折到1/3处。

⑤

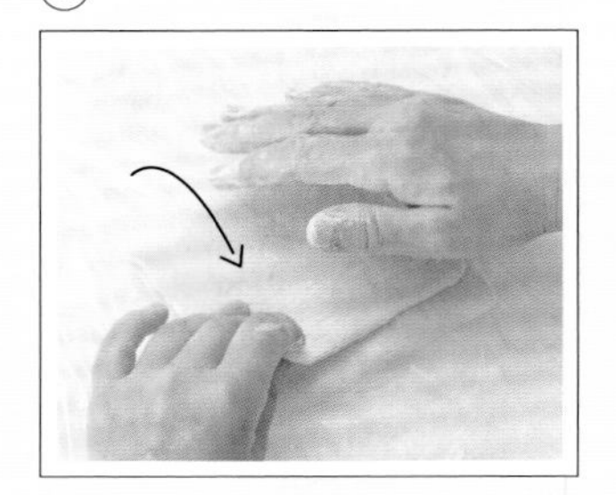

再提起面团的另一端，沿着步骤④的边线折叠，做成“三折面团”。

⑥

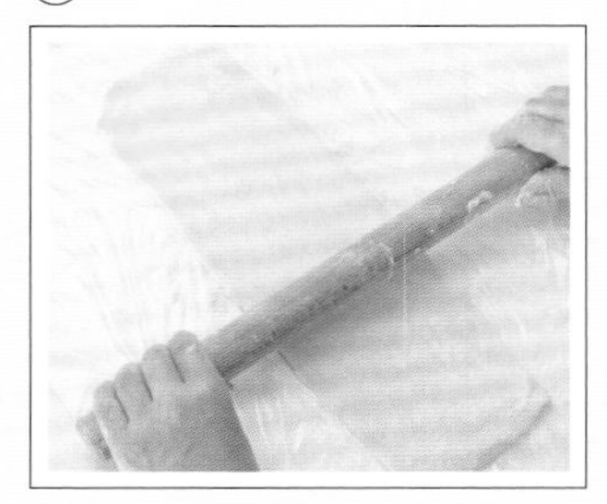

将“三折面团”旋转90度放好，用擀面杖将面团擀开至3毫米厚。

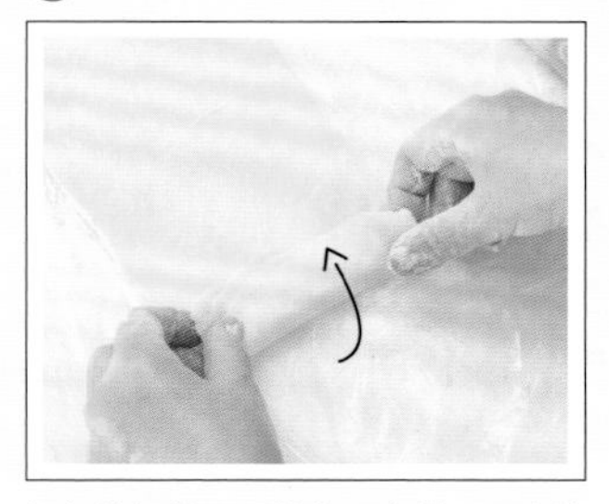

提起较近的面团边缘，在约3厘米处折叠。

⑧

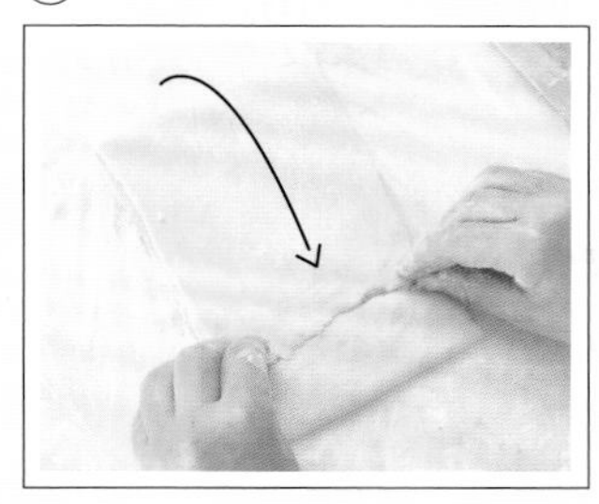

再提起面团的另一端，沿着步骤⑦的边线折叠。

⑨

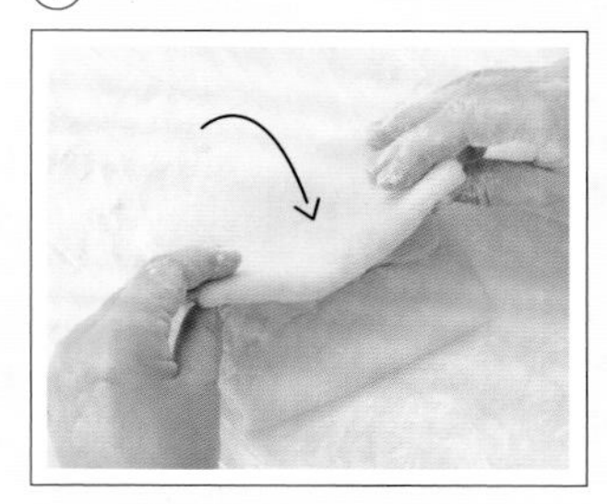

将步骤⑧中的面团沿着中线对折，做成“四折面团”。

⑩

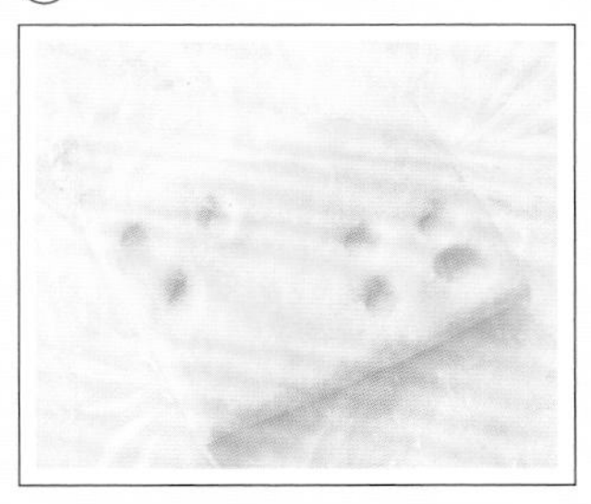

用指腹按压面团，标记面团已经完成一次“三折”和一次“四折”。用保鲜膜包好，冷藏2小时以上。

⑪

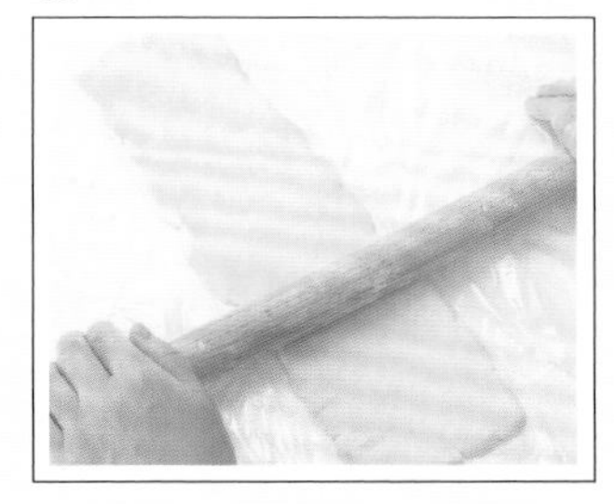

将“四折面团”旋转90度放好，擀面杖上沾些面粉（不含在用料中），将面团擀开至3毫米厚。

⑫

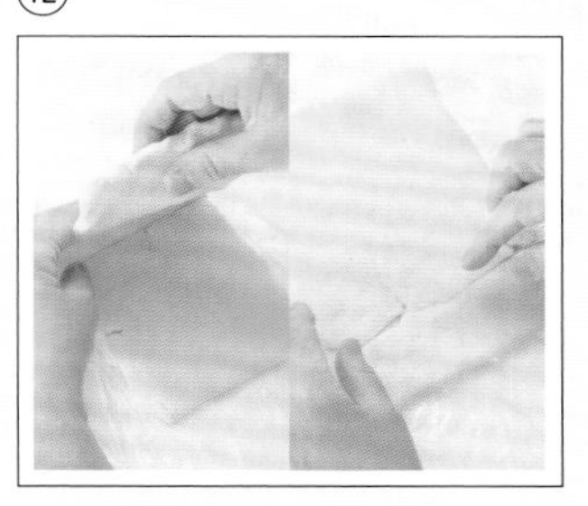

重复步骤④⑤制作“三折面团”，重复步骤⑥至⑨制作“四折面团”。

⑬

用保鲜膜包好，冷藏2小时以上。

⑭

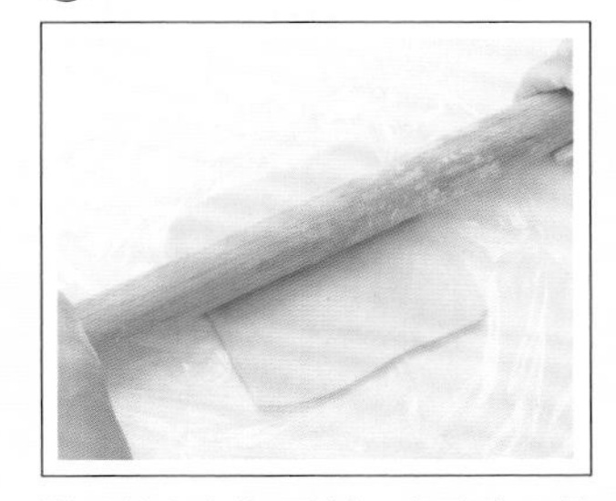

擀面杖上沾些面粉（不包含在用料中），将面团擀开至3毫米厚。切成合适的大小，放入200℃预热好的烤箱中，烘烤25分钟左右。

⑮

脆饼膨发，表面呈焦黄色后取出烤盘。从烤盘中取出脆饼，放在晾架上冷却。

NO ⑤

卡仕达酱

PASTRY CREAM

卡仕达酱是味道的决定性因素，成功的卡仕达酱口感浓厚。不能长时间保存，要在两天内吃完哦！

用料 [可制作约250克卡仕达酱]

牛奶：200毫升
香草豆荚：1/2根
蛋黄：2个
白砂糖：40克
玉米淀粉：15克
黄油：10克

①

纵向剖开香草豆荚，用刀背刮下香草籽。

②

小锅中放入牛奶、香草豆荚和香草籽，中火微微煮沸后离火。

③

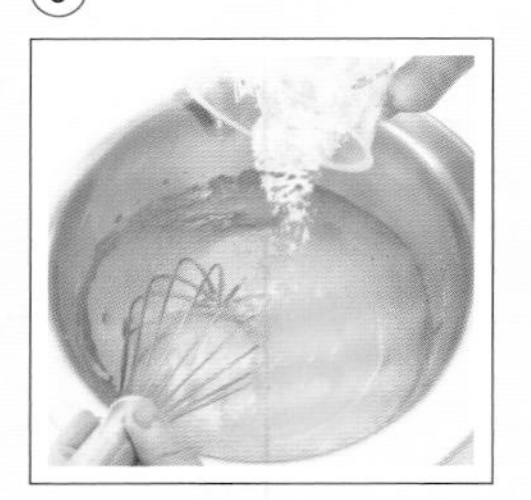

碗中倒入蛋黄，用打蛋器打散，加入白砂糖搅打均匀。然后倒入玉米淀粉，搅打至混合均匀。

④

将步骤②的牛奶缓缓倒入步骤③的蛋糊中，搅拌均匀。

⑤

小锅上放置粉筛，将步骤④中的蛋奶糊过筛倒回小锅。

⑥

中火加热，同时用打蛋器搅拌蛋奶糊。冒泡后离火，搅拌至顺滑。

⑦

再次打开中火加热，同时搅拌蛋奶糊，冒泡后再搅拌2~3分钟。离火，放入黄油，用余热熔化黄油。

⑧

离火后倒入陶瓷平盘，铺上保鲜膜，紧贴卡仕达酱。上方放置冰袋，迅速冷却卡仕达酱，避免细菌繁殖。

柠檬凝乳

LEMON CURD

在英国广受好评的柠檬风味凝乳酸甜可口，与奶油搭配味道绝佳，要善用凝乳制作杯子蛋糕哦！

用料［可制作约240克柠檬凝乳］

柠檬汁：45克
柠檬皮（碎屑）：1/2个
黄油：30克
白砂糖：75克
鸡蛋：1枚
蛋黄：2个

①

柠檬皮磨成细屑备用。柠檬切成两半，榨汁。

②

小锅中放入柠檬汁、柠檬皮碎屑、黄油和50克白砂糖，中火加热。

③

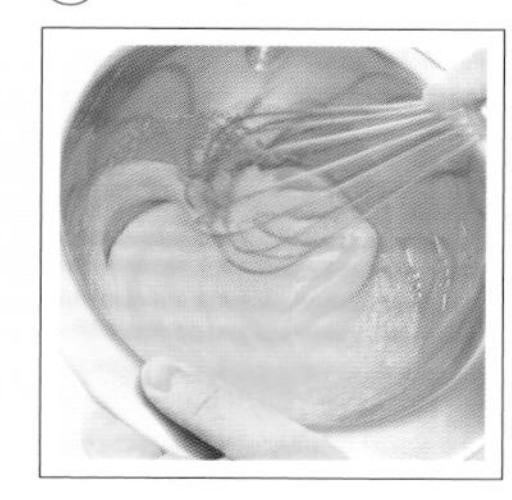

碗中倒入鸡蛋、蛋黄和25克白砂糖，用打蛋器搅打至浓稠。

④

煮沸步骤②中的柠檬浆，然后离火。

⑤

将步骤④的柠檬浆倒入步骤③的蛋糊中，搅拌均匀。

⑥

再将混合物倒回小锅中，中火加热，不停地搅拌直至变浓稠。

⑦

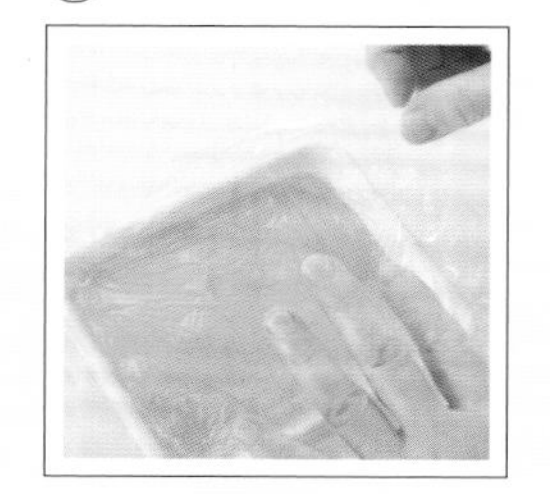

离火后倒入陶瓷平盘，铺上保鲜膜，紧贴柠檬凝乳。

⑧

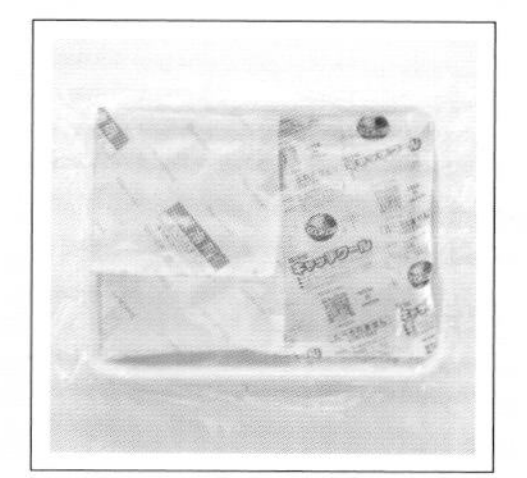

保鲜膜上放置冰袋冷却。

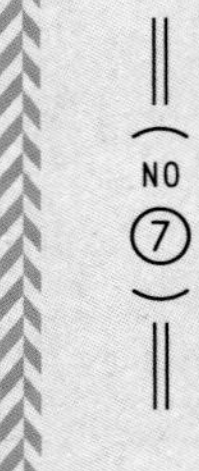

蛋白霜糖

MERINGUE

烤过的蛋白霜糖硬硬的、甜甜的，口感松脆。蛋白霜糖需要低温长时间烘烤，慢慢烤出颜色。

用料［可以制作约80克蛋白霜糖］

蛋白：40克
白砂糖：40克
糖粉：40克
※所有食材的用量相同就可以

①

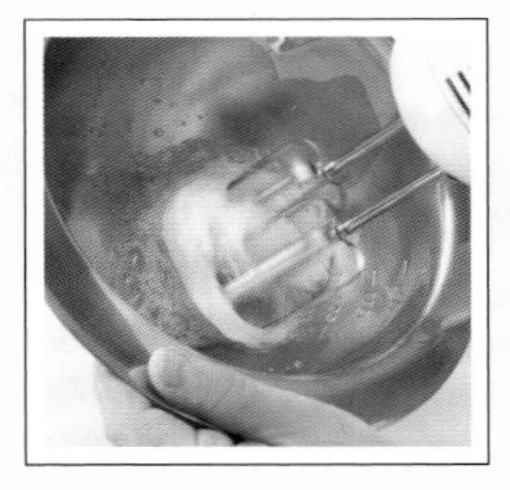

碗中倒入蛋白和一小撮白砂糖，倾斜搅拌碗，用手持打蛋器搅打。

②

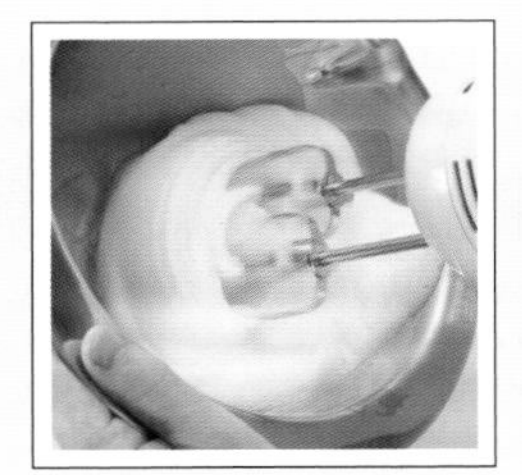

多次加入白砂糖，打发。

③

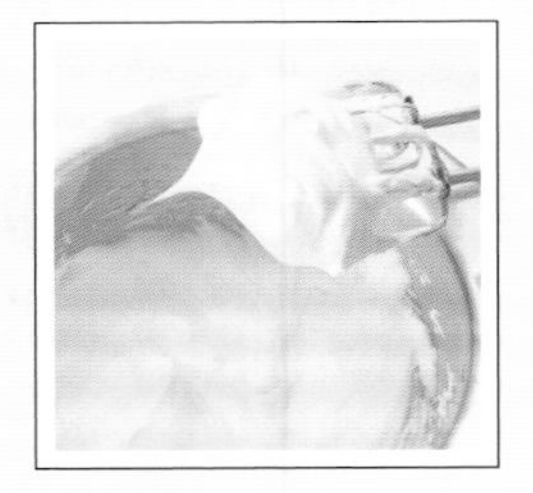

打发至尖角直立。

④

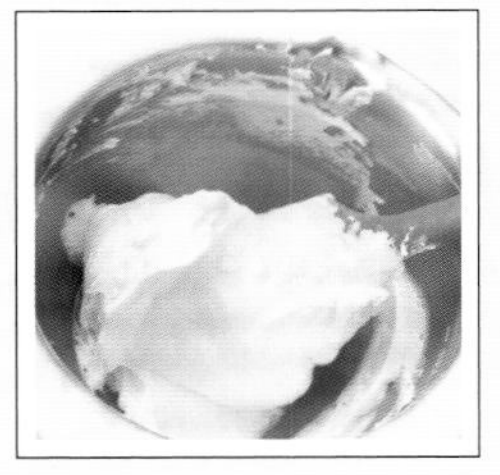

加入糖粉，用橡胶刮刀叠拌均匀。

⑤

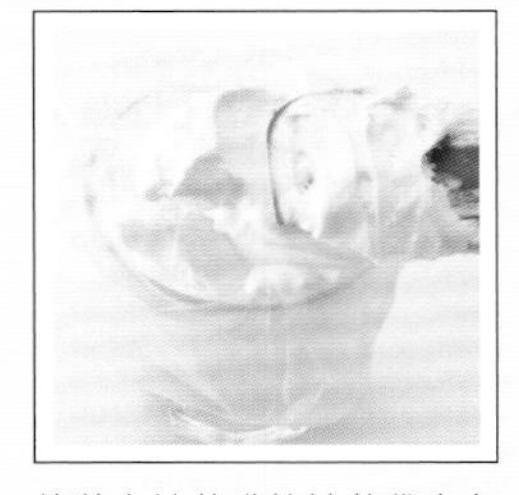

将装有裱花嘴的裱花袋套在杯子上，多余的裱花袋反折出来，然后将蛋白霜装进裱花袋。

⑥

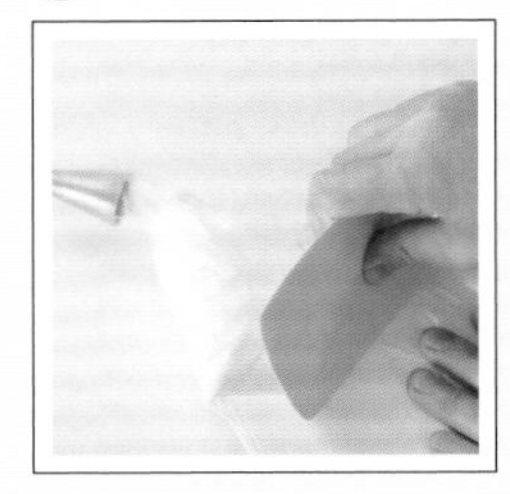

用刮刀把蛋白霜推压至前端，方便裱花。

⑦

在铺好烘焙纸的烤盘上挤出蛋白霜。

⑧

放入120℃预热好的烤箱中，烘烤2小时左右。蛋白霜糖表面烤出颜色后取出烤盘，从烤盘中拿出蛋白霜糖，放在晾架上冷却。

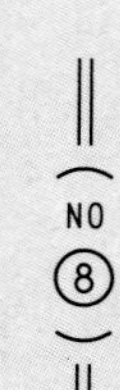

酒渍水果

FRUITS COMPOTE

本次制作的是用有白葡萄酒香气的糖浆熬煮的酒渍水果。提前做好一些，使用时会很方便。

用料［制作一个酒渍桃的用量］

白葡萄酒：240毫升
水：240毫升
白砂糖：80克
香料
（肉桂棒、大茴香）：1~2个
桃：1个

①

仔细地将桃洗干净，留皮，切成两半，去核。

②

小锅中倒入白葡萄酒、水、白砂糖和香料，中火加热。

③

步骤②中的糖浆煮沸后，放入桃，文火熬煮30~40分钟左右。然后离火，放置冷却。

④

将桃和糖浆倒入可以密封保存的容器中，在上面铺好保鲜膜，避免食材接触空气氧化。

⑤

密封容器盖上盖子，放进冰箱里冷却。

带皮熬煮水果可以煮出有颜色的糖浆

桃和苹果的果皮中含有色素，将它们带皮放在糖浆中熬煮的话，糖浆也会煮出好看的颜色哦！

果酱

FRUITS SAUCE

果酱可以用于增添风味或者做顶部配料，可以品尝到浓厚的水果的味道，推荐手工制作。

用料 [可制作约120克果酱]

草莓：150克

白砂糖：90克

①

草莓去蒂，切成两半，放入小锅中。

②

倒入所有白砂糖，放置10~15分钟。

③

当草莓的水分析出，如上图状态一样后，文火加热。

④

文火熬煮10~15分钟，不时撇掉浮沫。

⑤

粉筛放在搅拌碗上方，将步骤④中的草莓酱汁过筛。剩下的草莓也可以作为果酱使用。

莓类水果最适合做果酱

莓类水果果香四溢，是做果酱的绝佳选择。除此以外，也很推荐用杧果做果酱。

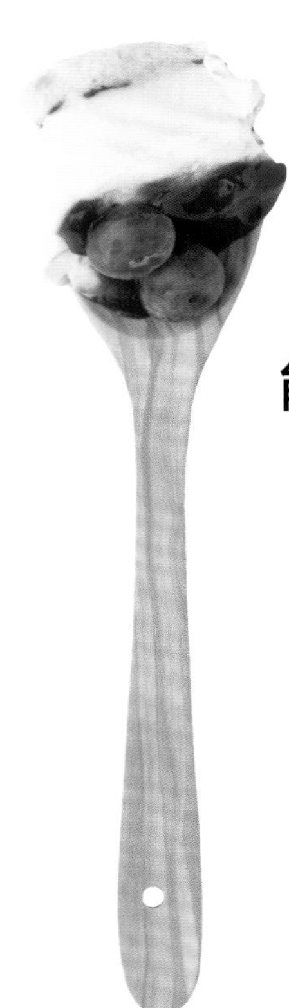

第二部分

能让人大快朵颐的经典甜品

用非常简单的方法做出广为人知的经典甜品是杯子蛋糕的魅力之一。食谱简单易懂，只需要将食材层层叠在一起就可以了，享受制作杯子蛋糕的乐趣吧！

STRAWBERRY SHORTCAKE

草莓酥饼

在平盘里再现
经典蛋糕——草莓酥饼。
使用饱含糖浆的
海绵蛋糕就能做出
酥饼的真正味道。

用 料 [直径约20厘米 × 高8厘米的玻璃碗一个]

饼底
海绵蛋糕：参见第12页的用料用量

打发的奶油
奶油：200毫升
白砂糖：20克

糖浆
白砂糖：50克
水：100毫升
利口酒：如果有利口酒，可添加少许

草莓：1包左右（300克）

预先准备

1）熬糖浆。小锅中倒入水和白砂糖，加热至沸腾，然后离火。如果有利口酒，在糖浆中加入少许，然后冷却糖浆备用。

2）烘烤海绵蛋糕（参见第12页），按照容器尺寸调整饼底大小，然后切两片1厘米厚的饼底备用。

制作方法

1）打发奶油。搅拌碗里倒入奶油和白砂糖，用打蛋器搅打至湿性发泡。

2）在玻璃碗中铺1片海绵蛋糕，用刷子在蛋糕表面涂满糖浆，使糖浆渗入饼底。

3）在饼底上抹一层薄薄的步骤1）中打发的奶油，再在玻璃碗的内壁上贴一圈切成薄片的草莓。中间摆上去蒂的整颗草莓，用打发的奶油填满草莓之间的空隙。

4）另一片海绵蛋糕的单面涂满糖浆，将涂了糖浆的一面朝下放入玻璃碗，轻轻地用手压平。然后在蛋糕表面再涂上糖浆。

5）重复步骤3），在饼底上涂抹打发的奶油，放上切成半圆的草莓，然后用奶油将玻璃碗填满。用抹刀将表面抹平，最后放上草莓作为点缀。

小贴士－①

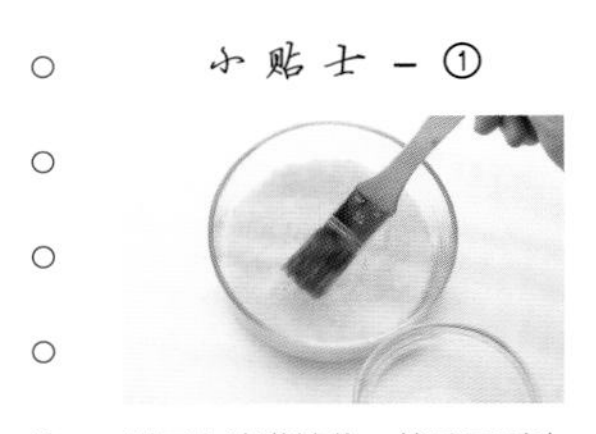

刷子上沾满糖浆，然后用刷头将糖浆轻轻地点在蛋糕上。

小贴士－②

按照容器的尺寸摆满草莓，成品会更加美观。

TIRAMISU

提拉米苏

经典的杯子蛋糕之一！
将食材叠在一起制作的提拉米苏有着浓厚的咖啡香气，与质地细腻的马斯卡彭奶酪搭配，组成甜品中的绝对珍品。

用 料 [约17厘米 × 17厘米玻璃器皿一个]

饼底
手指饼干：20根左右

马斯卡彭奶油
马斯卡彭奶酪：250克
蛋黄：2个
奶油：100克
白砂糖Ⓐ：20克
蛋白：2个
白砂糖Ⓑ：50克

咖啡浆
速溶咖啡：3汤匙
热水：200毫升

巧克力粉：适量

小贴士

在手指饼干上涂满咖啡，直至饼干变软。

预先准备

1）碗中倒入热水和速溶咖啡，搅拌均匀成浓浓的咖啡，冷却备用。

2）按照容器的尺寸，将手指饼干切好备用。

制作方法

1）碗中放入马斯卡彭奶酪，用打蛋器搅打至顺滑。每次加入1个蛋黄，搅打混合均匀。

2）另取一只碗，倒入奶油与白砂糖Ⓐ，用打蛋器搅打至湿性发泡。

3）再取一只碗，放入蛋白，分2~3次倒入白砂糖Ⓑ，用手持打蛋器搅打至形成尖角挺立的蛋白霜。

4）在步骤1）的碗中倒入步骤2）中打发的奶油，用橡胶刮刀叠拌均匀，再分两次放入步骤3）的蛋白霜，混合均匀。

5）在容器底部铺上一半手指饼干，用刷子涂满咖啡，然后倒入一半步骤4）的奶油。

6）重复步骤5），在容器中放满食材后，冷却2小时。

7）享用前，通过茶叶滤网在表面撒一些可可粉。

BLUEBERRY CHEESE CAKE

蓝莓芝士蛋糕

人气超高的芝士蛋糕，
可以用现有的容器叠放食材完成哦！
芝士的酸与蓝莓的果香，
搭配起来口味绝佳。

用 料 [约18厘米 × 10厘米的玻璃器皿一个]

饼底
海绵蛋糕：参见第12页的用料用量

芝士糊
奶油奶酪：120克
白砂糖：75克
酸奶：80克
奶油：50毫升
吉利丁片：3克(2片)
柠檬汁：2茶匙

蓝莓：20粒左右
蓝莓酱：适量

预先准备

1) 用充足的冰水将吉利丁片泡软备用。

2) 烘烤海绵蛋糕(参见第12页)，按照容器尺寸调整饼底大小，切1片1厘米厚的饼底备用。

制作方法

1) 碗中放入奶油奶酪，用打蛋器搅打至柔顺光滑。倒入白砂糖充分搅拌后，再倒入酸奶搅拌均匀。

2) 微波用容器中倒入1/3奶油，覆上保鲜膜，微波炉加热20秒左右。随后放入挤去水分的吉利丁片溶化。倒入剩下的奶油，搅拌均匀。

3) 将步骤2)中的奶油倒入步骤1)，搅拌均匀后倒入柠檬汁，拌匀。

4) 容器底部铺上海绵蛋糕饼底，涂一层薄薄的蓝莓酱。然后在饼底上倒入步骤3)中的芝士糊，冷藏2小时左右至凝固变硬。

5) 奶酪糊变硬后，在其表面涂抹蓝莓酱，摆上蓝莓作为装饰。

小贴士

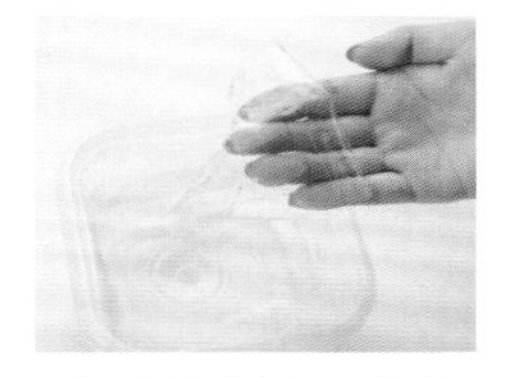

必须使用冰水泡软吉利丁片。不能使用常温水，以免吉利丁片溶化。

APPLE PIE

苹果派

本食谱将填满了焦糖酱的苹果派放在罐子里。
享用时无须切成小块，
同时便于携带，
十分适合作为伴手礼送人。

用 料 [直径约5厘米 × 高10厘米的玻璃罐子2个]

饼底

脆饼：参见第18页的用料用量的1/2

焦糖苹果

苹果（红玉苹果为佳）：2个
白砂糖：50克
黄油：25克

预先准备

将脆饼切成一口大小，烘烤后，冷却备用（参见第19页）。

制作方法

1）苹果削皮去核，切成6等份。

2）平底锅中撒上白砂糖，中火加热。白砂糖熔化变成焦糖色后，放入黄油和步骤1）的苹果，大火煎炒。苹果变成焦糖色后，转中弱火熬煮至水分蒸发。注意，长时间用文火熬煮会变成果酱。

3）按照罐子的尺寸切分脆饼并放入，然后放入步骤2）的焦糖苹果。重复此步骤，直至装满罐子，最后浇上平底锅中的焦糖酱。

小贴士

为了避免脆饼过于鼓起，可以在烘烤过程中用叉子在脆饼上戳出小孔，或者放在金属网架上烘烤。

MILLE-CRÊPES

千层蛋糕

千层蛋糕，杯子蛋糕的王道。
放上喜欢的水果来制作吧！
每层都用差不多的高度，成果会更加漂亮。

用 料 [约17厘米 × 17厘米的容器1个]

千层饼皮
低筋面粉：50克
白砂糖：1/2汤匙
盐：一小撮
牛奶：135毫升
鸡蛋：1个
黄油：10克
色拉油：适量

夹心馅料
卡仕达酱：参见第20页的用料用量
奶油：100毫升

草莓、香蕉、橙子等喜欢的水果：适量

小贴士

千层饼皮过大时，只要将饼皮按照容器的尺寸折叠起来就可以了。

预先准备

制作卡仕达酱（参见第20页），做好后冷却备用。

制作方法

1）在微波用容器中放入黄油，用微波炉加热20秒左右，熔化黄油。

2）制作千层饼皮。碗中倒入筛过的低筋面粉、白砂糖和盐，用橡胶刮刀拌匀。再倒入牛奶和打散的鸡蛋，用打蛋器从中间开始画圈搅打，混合均匀。倒入步骤1）中温热的黄油液，搅匀。将面糊冷藏1小时以上。

3）平底锅涂一层薄薄的色拉油，中火加热，接着将平底锅放在湿润的抹布上冷却。然后再用中火加热，用汤勺盛半勺步骤2）中的面糊，缓缓倒入平底锅，将面糊铺开，形成圆形的薄片。

4）饼皮的边缘开始变焦变色后，用筷子夹起来翻面。当另一面饼皮烘烤变干后，取出放到盘子里。

5）制作夹心馅料。碗中放入卡仕达酱，用打蛋器重新搅打至顺滑，分3次倒入奶油，每次都搅打均匀。

6）将水果切成5毫米厚。

7）容器中铺一层千层饼皮，涂抹步骤5）的夹心馅料后，摆满步骤6）中的水果。多次重复此步骤直至装满容器后，最后再涂抹一层馅料。冷藏1小时左右。

LEMON TART

柠檬挞

本食谱大胆地用酥块替换了普通的挞壳。
清爽的双色奶油与酥块的叠层，
体现出经典甜品的可爱之处。

用 料 [直径约5厘米 × 高10厘米的玻璃罐子2个]

饼底

酥块：参见第17页用料用量的比例，制作40克酥块

柠檬奶油霜

柠檬凝乳：参见第21页用料用量的1/2
奶油：50毫升

柠檬凝乳：参见第21页用料用量的1/2

预先准备

1） 烘烤酥块备用（参见第17页）。

2） 制作柠檬凝乳（参见第21页）。

制作方法

1） 制作柠檬奶油霜。碗中放入柠檬凝乳，用打蛋器重新搅打至柔顺，倒入奶油，用打蛋器搅打混合均匀。

2） 从玻璃罐底部开始，依序铺上柠檬凝乳、酥块、半份柠檬奶油霜和酥块。剩下的柠檬奶油霜装入裱花袋，用于在最上层的酥块上裱花。

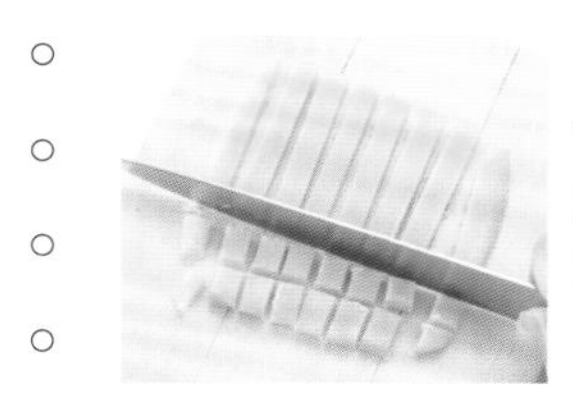

小贴士

将酥粒捏合成团，用刀切块，就可以轻松制作酥块（参见第17页）。

MILLEFEUILLE

拿破仑千层酥

脆饼与奶油简单搭配，
打造出耀眼的组合。
在容器中层层叠叠，品尝起来也尤其简便。

用料 [15厘米 × 15厘米的玻璃器皿1个]

饼底

脆饼：参见第18页的用料用量的2/3

夹心馅料

卡仕达酱：参见第20页的用料用量
奶油：100毫升

小贴士

按照容器尺寸摆放脆饼，成品会更加美观哦！脆饼过大时，可以切小后放入。

预先准备

1）将脆饼面团切成6厘米 × 3厘米的大小，烘烤后备用（参见第18页）。

2）制作卡仕达酱后，冷却备用（参见第20页）。

制作方法

1）制作夹心馅料。碗中放入卡仕达酱，用打蛋器重新搅打至顺滑，分3次倒入奶油，每次都搅打均匀。

2）按照容器尺寸，铺好脆饼。

3）使用1厘米圆形裱花嘴，夹心馅料装入裱花袋，在步骤2）的脆饼上挤出直线型。重复此步骤，再放一层脆饼和夹心馅料，最后用抹刀将表面抹平。

MONT BLANC

蒙布朗

将经典甜品蒙布朗装进杯子里。
蛋白霜糖的清脆口感与栗子馅料的浓郁香气在口中蔓延。

用 料 [直径约8厘米 × 高6厘米的杯子4个]

饼底
蛋白霜糖：第22页的用料用量的1/2

栗子泥
奶油Ⓐ：100毫升
栗子酱Ⓐ：20克

打发的奶油
奶油Ⓑ：100毫升
白砂糖：10克

栗子酱Ⓑ：适量

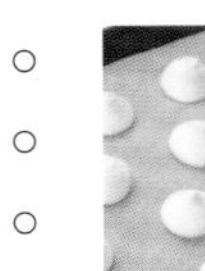

圆形或者椭圆形的蛋白霜糖更适合作为装饰。

制作方法

1） 烤蛋白霜糖，冷却备用（参见第22页）。

2） 制作栗子泥。碗中倒入奶油Ⓐ，用打蛋器搅打至挺立。再放入栗子酱Ⓐ混合均匀。

3） 打发奶油。碗中倒入奶油Ⓑ和白砂糖，用打蛋器搅打至湿性发泡。

4） 杯子中放入几个步骤1）中的蛋白霜糖。栗子酱Ⓑ装入裱花袋，将裱花袋尖端剪一个小口，在蛋白霜糖上挤出栗子酱。然后用勺子盛打发的奶油和栗子泥，层层叠在栗子酱上，最后在最上面挤出栗子泥装饰。

专栏/1

用勺子
大快朵颐

杯子蛋糕的优点

优点 1

使用玻璃杯等现有的容器，就能制作杯子蛋糕！

只要家中有大小合适的玻璃杯或平盘就可以哦！将饼底调整成合适的大小，然后放进容器吧！

优点 2

便携，推荐带到聚会哦！

使用大容器做的杯子蛋糕尤其便于分享。如果用带盖子的小容器分装，简单便携，十分适合当作伴手礼送人。

优点 3

能拍出可爱的照片，在社交网站上晒萌图！

外观可爱也是杯子蛋糕的魅力之一。在社交网站上发布更多你喜欢的可爱照片吧！

第三部分

制作简单
味道甜美的杯子蛋糕

本章将向你介绍享有盛誉的人气杯子蛋糕食谱，只需花费一点时间，不必在乎造型，就可以成功做出美味的杯子蛋糕。

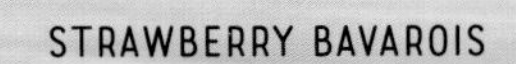
STRAWBERRY BAVAROIS

草莓巴伐利亚慕斯

粉色的饼底配上可爱美味的草莓巴伐利亚奶油，草莓的香甜在口中蔓延，是在家中也能制作的甜品。用手指饼干做饼底，简单省力。

用 料 [约20厘米×13厘米的瓷容器1个]

饼底

手指饼干：10根左右

草莓巴伐利亚奶油

草莓Ⓐ：200克（2/3包左右）
白砂糖Ⓐ：40克
柠檬汁：2茶匙
吉利丁片：3克（2片）
奶油Ⓐ：80毫升

草莓酱

草莓：150克（1/2包左右）
白砂糖：90克

打发的奶油

奶油Ⓑ：100毫升
白砂糖Ⓑ：10克

草莓Ⓑ：200克（2/3包左右）

看分层！

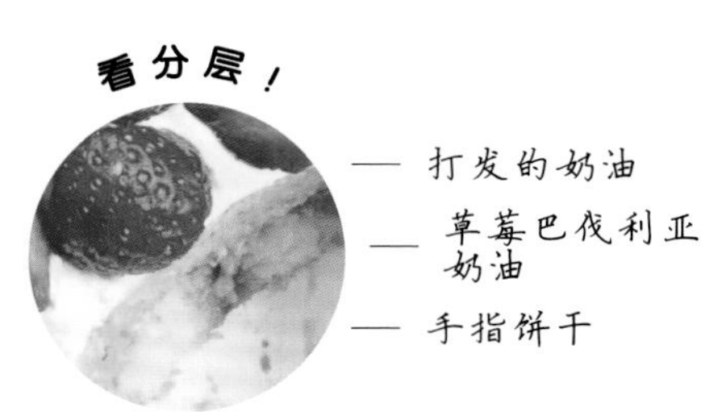

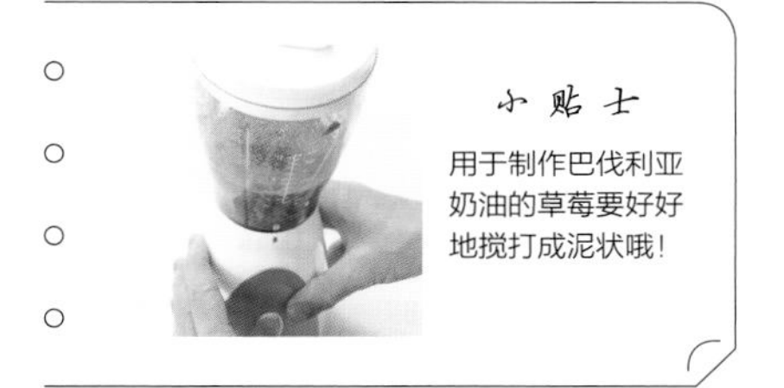

小贴士

用于制作巴伐利亚奶油的草莓要好好地搅打成泥状哦！

预先准备

1） 用充足的冰水将吉利丁片泡软备用。

2） 按照容器的尺寸，将手指饼干切块备用。

3） 做好草莓酱后，冷却备用（参见第24页）。

制作方法

1） 制作草莓巴伐利亚奶油。草莓Ⓐ去蒂，放入榨汁机中打成草莓泥（如果没有榨汁机，就用叉子将草莓捣碎）。

2） 小锅中放入白砂糖Ⓐ和步骤1）中一半的草莓泥，文火加热。白砂糖熔化后离火，放入挤去水分的吉利丁片溶化，均匀搅拌。

3） 将步骤2）中的草莓泥放入碗中，然后倒入步骤1）中剩下的草莓和柠檬汁。将碗底浸泡在冰水中，用橡胶刮刀慢慢地搅拌至变浓稠。

4） 另取一只碗，倒入奶油Ⓐ，搅打至七分发，然后倒入步骤3）的碗中，轻轻地拌匀。

5） 容器底铺好手指饼干，用刷子在饼干上涂好草莓酱。将步骤4）的草莓巴伐利亚奶油倒在饼干上，冷藏2~3小时。

6） 打发奶油。碗中倒入奶油Ⓑ和白砂糖Ⓑ，用打蛋器搅打至七分发。将奶油抹在步骤5)的半成品上。草莓Ⓑ切成两半或薄片，摆在奶油上做装饰。

APPLE CUSTARD

苹果卡仕达

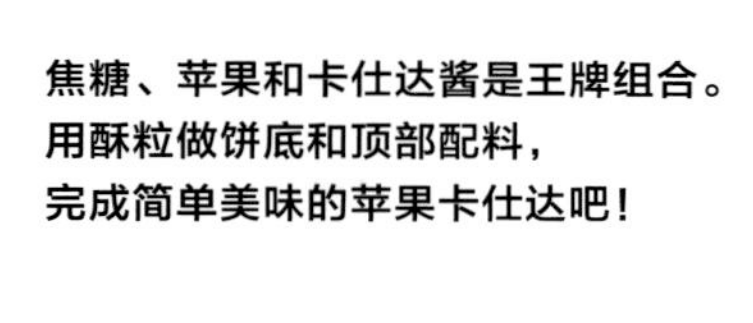

焦糖、苹果和卡仕达酱是王牌组合。
用酥粒做饼底和顶部配料，
完成简单美味的苹果卡仕达吧！

用 料

[约18厘米 × 10厘米的容器1个]

饼底、装饰

酥粒：参见第16页的用料用量的1/4

焦糖苹果

苹果（红玉苹果为佳）：2个
白砂糖：50克
黄油：25克

卡仕达酱：参见第 20 页用料用量的 1/2

小贴士

按压放在上面的苹果，焦糖汁的香甜也会渗透到酥粒中哦！

预先准备

1）将酥粒烤干备用（参见第16页）。

2）做好卡仕达酱，冷却备用（参见第20页）。

制作方法

1）苹果削皮去核，切成6等份。

2）平底锅中撒上白砂糖，中火加热。白砂糖熔化变成焦糖色后，放入黄油和步骤1）的苹果，大火煎炒。苹果变成焦糖色后，转中弱火熬煮至水分蒸发。注意，长时间用文火熬煮会变成果酱。

3）用打蛋器将卡仕达酱重新搅打至顺滑。

4）容器底部铺一层酥粒，上面覆一层保鲜膜，用手将酥粒压实。取下保鲜膜，放上焦糖苹果，用锅铲轻轻压一下，然后倒入步骤3）的卡仕达酱。

5）在步骤4）的卡仕达酱上适量撒一些酥粒。

GREEN TEA BAVAROIS

绿茶巴伐利亚慕斯

蛋黄和奶油的浓香，
与抹茶的微苦是绝佳搭配。
稍稍多冷藏会儿，
使成品变硬，可以做出好看的叠层哦！

用 料 ［直径约8厘米 × 高6厘米的杯子2个］

抹茶巴伐利亚奶油
抹茶粉：2茶匙
白砂糖Ⓐ：40克
蛋黄：2个
牛奶：100毫升
吉利丁片：4.5克（3片）
奶油Ⓐ：100毫升

打发的奶油
奶油Ⓑ：50毫升
白砂糖Ⓑ：10克

煮熟的红豆：50克

预先准备

用充足的冰水将吉利丁片泡软备用。

制作方法

1）碗中倒入抹茶粉和白砂糖Ⓐ，用打蛋器充分搅拌均匀。将蛋黄逐个放入，每次加入蛋黄后都搅打至浓稠。

2）小锅中倒入牛奶，中火加热。牛奶温热后离火，放入挤去水分的吉利丁片溶化。然后倒入步骤1）中的抹茶糊，混合均匀。将碗底浸泡在冰水中冷却，使抹茶糊变稠。

3）另取一只碗，倒入奶油Ⓐ，用打蛋器打发。然后将打发的奶油混入步骤2）的抹茶糊中，慢慢混匀。

4）将步骤3）的抹茶巴伐利亚奶油倒入杯子的1/2处，然后冷藏1小时以上变硬。

5）碗中倒入奶油Ⓑ和白砂糖Ⓑ，用打蛋器打发后，倒在步骤4）的半成品上，然后撒上煮熟的红豆，再将步骤3）剩下的抹茶巴伐利亚奶油倒进杯子。再次冷藏1小时以上直到变硬。

小贴士

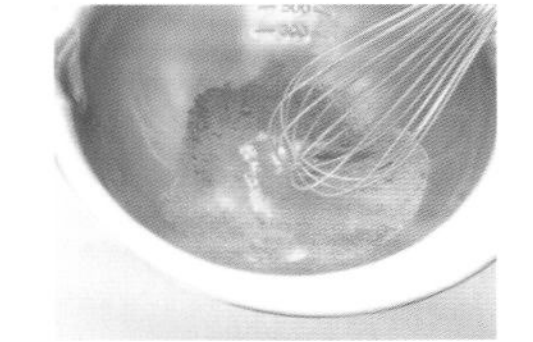

要将步骤1）中的抹茶和白砂糖充分混合。

SPICY PEACH CAKE

肉桂桃冻

酒渍整颗不去皮的桃子会制作出超级养眼的粉色糖浆。
将糖浆做成果冻，再放上整颗酒渍桃，
快来品尝吧！

用 料 [约15厘米 × 15厘米的玻璃器皿1个]

饼底
海绵蛋糕：参见第12页的用料用量

肉桂奶油
奶油：200毫升
蜂蜜：1汤匙
肉桂粉：5克

桃冻
酒渍桃的糖浆：参见第23页的用料用量的比例，制作150毫升
吉利丁片：1.5克（1片）

酒渍桃：参见第23页的用料用量的比例，制作半个酒渍桃
酒渍桃的糖浆：第23页的用料用量中的少许

小贴士

制作肉桂奶油时，一点点加肉桂粉，可以做出符合口味的肉桂奶油哦！

预先准备

1）用充足的冰水将吉利丁片泡软备用。

2）烘烤海绵蛋糕（参见第12页），按照容器尺寸调整饼底大小。

3）制作酒渍桃（参见第23页）。

制作方法

1）制作肉桂奶油。碗中倒入奶油和蜂蜜，用打蛋器搅打至湿性发泡，再倒入肉桂粉，搅打至七分发。

2）制作桃冻液。小锅中倒入酒渍桃的糖浆，中火加热。温热后离火，放入挤去水分的吉利丁片溶化。锅底浸在冰水中，用打蛋器搅打混合至浓稠。

3）玻璃容器底部铺好海绵蛋糕，用刷子在蛋糕表面涂抹酒渍桃的糖浆。然后缓缓倒入步骤1）的肉桂奶油，冷藏1~2小时。

4）在步骤3）的半成品上放半个酒渍桃，然后慢慢倒入步骤2）的桃冻液，再次冷藏1~2小时，冷却变硬。

VICTORIAN TRIFLE

维多利亚查佛蛋糕

将磅蛋糕、水果和奶油随意地堆叠在一起就完成了，是一款制作起来相当简单的甜品。也可以制作和维多利亚海绵蛋糕一样多的分量，大口吃，超满足。

用 料 [直径约7厘米 × 高15厘米的玻璃罐子1个]

饼底
磅蛋糕：参见第14页的用料用量的1/3

打发的奶油
奶油：100毫升
白砂糖：10克

糖渍草莓和覆盆子
莓类水果：共150克
白砂糖：120克
柠檬汁：适量

卡仕达酱：参见第20页的用料用量的1/2
橙子、猕猴桃等喜欢的水果：适量

预先准备

1） 烘烤磅蛋糕（参见第14页），冷却后，将磅蛋糕切成1厘米的小块备用。

2） 制作卡仕达酱，冷却备用（参见第20页）。

制作方法

1） 打发奶油。碗中倒入奶油和白砂糖，用打蛋器搅打至七分发。

2） 糖渍莓类水果。小锅里放入莓类水果和白砂糖，倒入柠檬汁，放置15分钟，水分析出后加热。中强火加热10~15分钟，熬煮至水分蒸发后，冷却备用。

3） 用打蛋器将卡仕达酱重新搅打至顺滑。

4） 将磅蛋糕、卡仕达酱、打发的奶油、糖渍莓和水果随意叠放在罐子中，直至填满罐子。

小贴士

糖渍莓熬煮至图片中的状态就可以了。注意不要煮过头，以免做成果酱。

GINGER LEMON

柠檬姜茶冻

在润泽的磅蛋糕和浓稠的柠檬凝乳上，
铺一层姜茶冻，
口感好到爆棚，让人食指大动。
也可以用茉莉花茶等中国茶叶替换姜茶。

用 料 [约20厘米 × 13厘米瓷容器1个]

饼底
磅蛋糕：参见第14页的用料用量的1/3

柠檬奶油霜
柠檬凝乳：参见第21页的用料用量的1/2
奶油：100毫升

姜茶冻
姜茶茶包：1包
热水：150毫升
吉利丁粉：2.5克（1/2袋）
水Ⓐ：1+1/2茶匙

柠檬（薄片）：适量

预先准备

1）水Ⓐ中放入吉利丁粉，化开备用。

2）烘烤磅蛋糕（参见第14页），冷却后，按照容器的尺寸调整蛋糕大小。

制作方法

1）取一只稍大的杯子，用热水冲泡姜茶茶包，盖上盖子闷泡一会儿。然后放入化开的吉利丁粉，慢慢搅匀。吉利丁粉溶化后，将杯子的底部浸在冰水中冷却，至姜茶变稠。

2）制作柠檬奶油霜。碗中放入柠檬凝乳，用打蛋器重新搅打至顺滑，然后倒入奶油搅打混合均匀。

3）容器底部铺磅蛋糕，倒进柠檬奶油霜。然后慢慢将姜茶冻液倒在柠檬奶油霜上，冷藏2~3小时至变硬。倒入姜茶冻液的时候，稍微留一点冻液，在最后一步使用。

4）摆上薄片柠檬做装饰，然后用刷子将留作备用的姜茶冻液刷在柠檬上。

看分层！

— 姜茶冻
— 柠檬奶油霜
— 磅蛋糕

小贴士

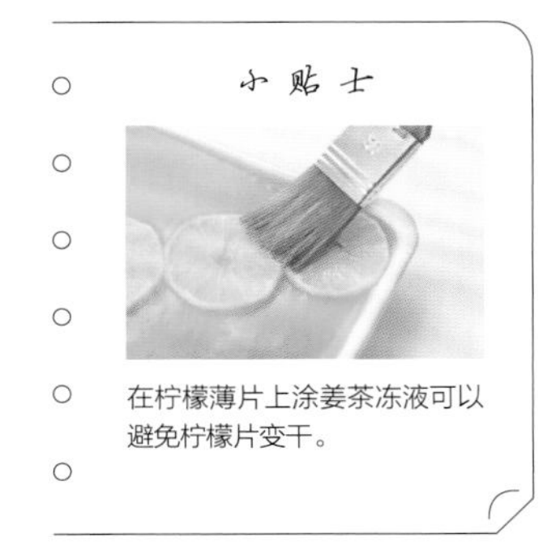

在柠檬薄片上涂姜茶冻液可以避免柠檬片变干。

PAVLOVA

帕夫洛娃（奶油蛋白饼）

在烤至松脆的蛋白霜糖上，
铺上满满的奶油和水果，
这是在新西兰和澳大利亚大受好评的甜品。

用 料 [直径约18厘米 × 高10厘米的微波用碗1个]

饼底

蛋白霜糖：参见第22页的用料用量

草莓奶油

奶油：200毫升
草莓酱：40克

草莓、蓝莓、覆盆子：适量

制作方法

1）按照第22页的前四个步骤制作蛋白霜。

2）将步骤1）中的蛋白霜装入裱花袋，使用直径1厘米的圆形裱花嘴。在微波用碗的碗底和侧面挤出蛋白霜。120℃预热好的烤箱烘烤2小时左右后，冷却。

3）制作草莓奶油。碗中倒入奶油和草莓酱，用打蛋器搅打至七分发。

4）将步骤3）中的草莓奶油放入步骤2）中的蛋白霜糖上，直至看不见蛋白霜糖。最后摆上莓类水果点缀。

小贴士

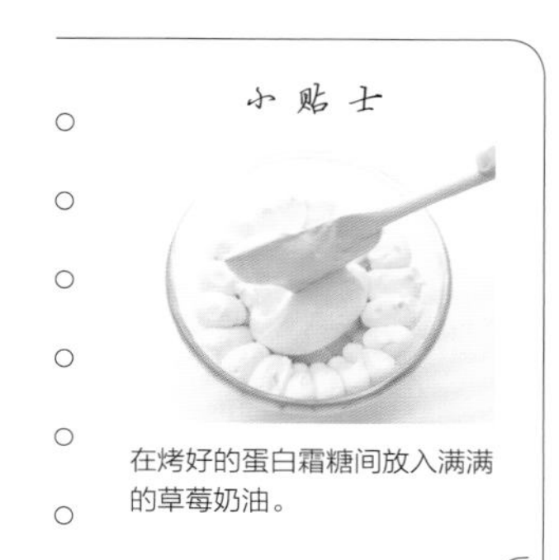

在烤好的蛋白霜糖间放入满满的草莓奶油。

CHOCOLATE MOUSSE CAFÉ MOCHA STYLE

巧克力慕斯摩卡咖啡风味

将微苦的巧克力慕斯与咖啡冻搭配，
做出摩卡咖啡风味的杯子蛋糕。
品尝柔顺的口味变化。

用 料 [直径约8厘米 × 高6厘米的杯子2个]

咖啡冻
速溶咖啡：1+1/2汤匙
热水：300毫升
吉利丁片：4.5克（3片）

巧克力慕斯
巧克力：120克
蛋黄：2个
鲜奶油Ⓐ：130毫升
蛋白：2个
细砂糖Ⓐ：30克

打发的奶油
鲜奶油Ⓑ：70毫升
细砂糖Ⓑ：10克

装饰用的巧克力板：适量

小贴士

可以用刀将巧克力板切薄来制作装饰用巧克力哦！

预先准备

用充足的冰水将吉利丁片泡软。

制作方法

1）制作咖啡冻。在碗中放入速溶咖啡，并倒入热水，随后放入挤去水分的吉利丁片溶化。待吉利丁片溶化后，将杯子底部浸在冰水中冷却，使咖啡浆变稠。

2）将步骤1）的食材倒入容器的1/2处，冷藏2个小时以上，使咖啡浆凝固变硬。

3）制作巧克力慕斯。将巧克力放入碗中，隔水加热熔化。如果使用微波炉熔化巧克力，需要使用保鲜膜，并且每加热30秒就观察巧克力的状态，避免烤焦。

4）将打散的蛋黄倒入步骤3）的巧克力液中，用打蛋器搅打至顺滑。

5）另取一个碗，倒入鲜奶油Ⓐ，搅打至七分发后，倒入步骤4）的碗中，混合均匀。

6）再取一个碗，倒入蛋白和一小撮细砂糖Ⓐ，用手持打蛋器打发。在打发过程中，分2~3次倒入剩下的细砂糖Ⓐ，制作尖角直立的蛋白霜。

7）将步骤6）的蛋白霜放入步骤2）的咖啡冻上，冷藏1~2个小时。

8）打发奶油。在碗中放入鲜奶油Ⓑ与细砂糖Ⓑ，用打蛋器搅打至七分发。装入裱花袋中，使用星形裱花嘴，在步骤7）的巧克力上如画圆般挤出。最后用切碎的巧克力点缀。

ORANGE CREAM JELLY

橙子奶油冻

双层水果果冻和水果慕斯，
充满了水果的多汁与香甜，
将每层都放在平面上冷藏变硬，
就可以做出杰作啦！

用 料 [直径约7厘米 × 高15厘米的玻璃罐子1个]

橙子果冻

新鲜的橙子原汁（或者用橙汁果汁）：350毫升（4个橙子左右）
吉利丁片：7.5克（5片）
水：100毫升
白砂糖：45克

橙子慕斯

橙子果冻：上面食谱中的橙子果冻的1/2
奶油：50毫升

葡萄柚：适量
粉红葡萄柚：适量
薄荷叶：适量

小贴士

步骤4）中的奶油要在橙子冻液冷却后倒入。

预先准备

1）用充足的冰水将吉利丁片泡软。

2）如果使用新鲜橙子原汁制作橙子果冻的话，将橙子榨汁备用。

制作方法

1）制作橙子果冻。小锅中倒入白砂糖，中火加热。糖水沸腾后离火，放入挤去水分的吉利丁片溶化。

2）将橙子原汁或者橙汁倒入步骤1）中的糖水中，用打蛋器搅打混合均匀后，倒入两个碗中，每碗一半。

3）将其中一只碗的碗底浸在冰水中冷却，同时搅拌，直至变黏稠。（橙子果冻）

4）将另一只碗的碗底浸在冰水中冷却，同时搅拌，变黏稠后倒入奶油，搅拌均匀。（橙子慕斯）

5）将步骤4）的橙子慕斯倒至玻璃罐子的1/4处，冷藏1小时左右至变硬，接着将步骤3）中的橙子果冻倒入罐子至1/2处，冷藏1小时左右至变硬。重复这个顺序，再次分别倒入步骤4）中的橙子慕斯和步骤3）中的橙子果冻，分别冷藏1小时左右至变硬。

6）食用前，用切好的葡萄柚、粉红葡萄柚和薄荷叶装饰。

PANNA COTTA GRAPE MIX

意式葡萄奶冻

本甜品中的奶冻有着如宝石一般的光泽，在带有浓浓奶香的意式奶冻上叠上多汁的甜蜜水果冻，每一口都是大满足。

用 料 [直径约5厘米 × 高10厘米的玻璃罐子2个]

意式奶冻
奶油：100毫升
牛奶：100毫升
炼乳：15克
白砂糖：25克
香草豆荚：1/4根
吉利丁片Ⓐ：3克（2片）

葡萄冻
葡萄：30粒左右
热水：100毫升
吉利丁片Ⓑ：3克（2片）

小贴士

摆放葡萄的时候，要按照玻璃罐子的大小，将葡萄紧紧地贴在一起。

预先准备

用充足的冰水分别将吉利丁片Ⓐ和吉利丁片Ⓑ泡软。

制作方法

1） 小锅中放入除了吉利丁片的制作意式奶冻的所有材料，中火加热。沸腾后离火，放入挤去水分的吉利丁片Ⓐ溶化。

2） 取一只碗，将步骤1）中的奶冻液过筛，倒入碗中。碗底浸在冰水中冷却，同时用橡胶刮刀慢慢搅拌至奶冻液变黏稠。

3） 将步骤2）中的奶冻液平分，均匀地倒入两个玻璃罐中，冷藏1~2小时变硬。

4） 制作葡萄冻。在碗中将葡萄去皮，果肉与果汁分开。另取一只碗，倒入热水，放入挤去水分的吉利丁片Ⓑ溶化，倒入果汁后搅拌均匀。

5） 步骤3）中的奶冻冷却变硬后，在奶冻上摆放用料中的半份葡萄，接着倒入步骤4）中的半份葡萄冻液，冷藏1~2小时变硬。

6） 步骤5）中的奶冻冷却变硬后，倒入步骤3）剩余的奶冻液，然后冷藏1~2小时。最后将剩下的葡萄果肉摆好，倒入步骤4）剩下的葡萄冻，再冷藏1小时以上至变硬。

BLACK FOREST

黑森林蛋糕

将德国西南部广阔的“黑森林”
当作“原型”来制作的甜品。
黑森林蛋糕的独特味道来自樱桃酒和利口酒。

用 料 [约18厘米×10厘米的玻璃容器1个]

黑樱桃罐头：1罐

巧克力海绵蛋糕
鸡蛋：3枚
白砂糖：60克
低筋面粉：40克
可可粉：15克

巧克力奶油
奶油：180毫升
巧克力：120克

糖浆
水：150毫升
白砂糖：75克
利口酒：2汤匙

小贴士

为避免黑樱桃罐头的水分析出，黑樱桃需用厨房用纸擦拭后使用。

预先准备

1）参照第12页制作巧克力海绵蛋糕，其中，将低筋面粉和可可粉混合并过筛后再用于烘烤蛋糕。将冷却后的海绵蛋糕按照容器的大小切成3片，每片的厚度为1厘米。

2）制作糖浆。小锅中放入水和白砂糖，中火加热，沸腾后离火，倒入利口酒，冷却备用。

3）将黑樱桃倒在竹屉上，仔细用厨房用纸擦干水分。

制作方法

1）制作巧克力奶油。小锅里倒入1/3奶油，中火加热，沸腾后放入切碎的巧克力。放置一会儿，巧克力熔化后，用打蛋器慢慢搅打，完全溶于奶油后，冷却。

2）将剩下的奶油一点一点混入步骤1）中的巧克力奶油，搅打至七分发。

3）在1个玻璃罐子的底部铺上海绵蛋糕，用刷子蘸取预先准备中做好的糖浆，涂抹在海绵蛋糕上。

4）然后再涂抹步骤2）中的巧克力奶油，将黑樱桃切成两半，摆在奶油上。

5）另一片海绵蛋糕的单面涂满糖浆，将涂了糖浆的一面朝下放入容器，用手轻轻地压平。然后在蛋糕表面再涂上糖浆。

6）重复步骤4），叠放巧克力奶油和黑樱桃，再盖上第三片海绵蛋糕。接着在蛋糕上涂满巧克力奶油，用抹刀抹平表面。冷藏1小时。

7）将剩下的奶油装进裱花袋，使用直径1厘米的圆形裱花嘴，在黑森林蛋糕上裱花，并放几颗黑樱桃作为装饰。

SAVARIN

萨瓦伦松饼

将泡过酒的蛋糕放在玻璃杯里，
制作出时尚的甜品吧！
橙子和利口酒的组合，
水果的芳香和酒的醇香在空气中飘荡。

用 料 [直径约6厘米 × 高7厘米的玻璃容器2个]

饼底
布里欧修面包：2个

橙子糖浆
水：100毫升
白砂糖：45克
新鲜橙子原汁（或橙汁）：75毫升（1个橙子左右）
橙子皮：适量
杏酱：25克
库拉索酒：2茶匙

打发的奶油
奶油：100毫升
白砂糖：10克

橙子：半个

预先准备

如果使用新鲜橙子原汁制作糖浆的话，将橙子榨汁备用。

制作方法

1）小锅中倒入水、白砂糖、橙子汁、洗干净的橙子皮和杏酱，中火加热。沸腾后离火，倒入库拉索酒。

2）将步骤1）中的糖浆倒入准备好的玻璃容器中，然后放入用竹扦扎了很多洞的布里欧修面包。

3）打发奶油。碗中倒入奶油和白砂糖，用打蛋器搅打至七分发。

4）在步骤2）的面包上放上切好的橙子，然后用勺子盛一勺奶油放在上面。

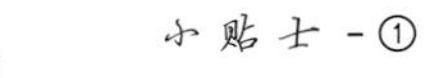

用竹扦给布里欧修面包穿几个洞，以便与糖浆充分接触。

将面包充分地泡在糖浆中，直到可以挤压出面包中的糖浆。

专栏/2

做着开心　看着可爱

制作杯子蛋糕的秘诀

要点 1

配合容器的尺寸制作

杯子蛋糕的优点是只要将食材层层叠叠铺好就可以了。如果容器和海绵蛋糕的形状或者大小不一致，只要稍微修剪调整一下就可以铺作饼底。摆放水果的时候也同样按照容器的尺寸摆得满满的吧！

要点 2

在铺满食材的时候，注意每层的高度要一致哦

在用海绵蛋糕或者千层饼皮当饼底叠起来时，注意夹在中间的水果或者奶油的高度要一致，不能凹凸不平。将水果切成同等大小，用抹刀将奶油等食材抹平，之后再放另一层饼底，这样做出来最美观哦！

要点 3

将杯子蛋糕放在透明的容器里，可以欣赏丰富的层次哦

可以从侧面看到萌萌的成品层次也是杯子蛋糕的魅力之一。因此，将水果切成薄片贴在容器内部，将果冻或慕斯冻硬都是能做出好看分层的重要因素。

第四部分

用市面上的材料 简单地做出的杯子蛋糕

本章将向你介绍使用可以在超市等地方买到的点心用料和食材做出简单甜品的食谱。享受甜品的美味吧！

CHOCOLATE CARAMEL BANANA

焦糖巧克力酱香蕉蛋糕

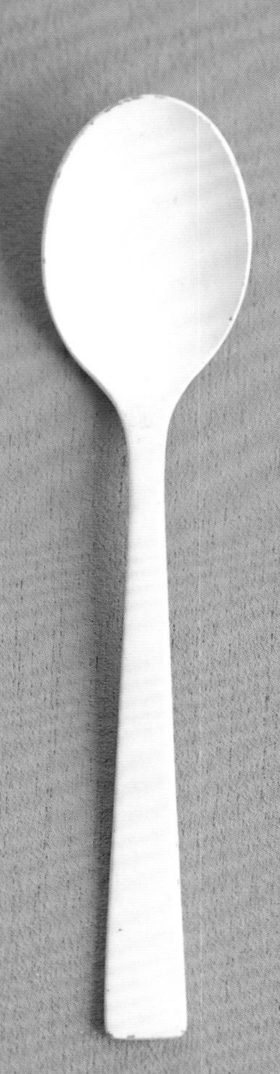

切成薄片的香蕉超级可爱。
制作巧克力香蕉甜品时，
可以将在市面上买到的巧克力点心熔化，
来代替焦糖巧克力酱。

用 料 [约20厘米 × 13厘米的瓷容器1个]

饼底

购买的海绵蛋糕：1片，与瓷容器尺寸相匹配

焦糖巧克力酱

购买的焦糖巧克力棒：2条

牛奶：1汤匙

奶油：150毫升

香蕉：半根

看分层！

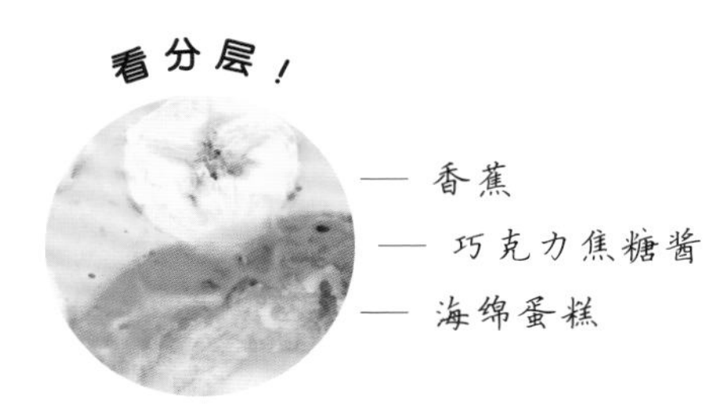

小贴士

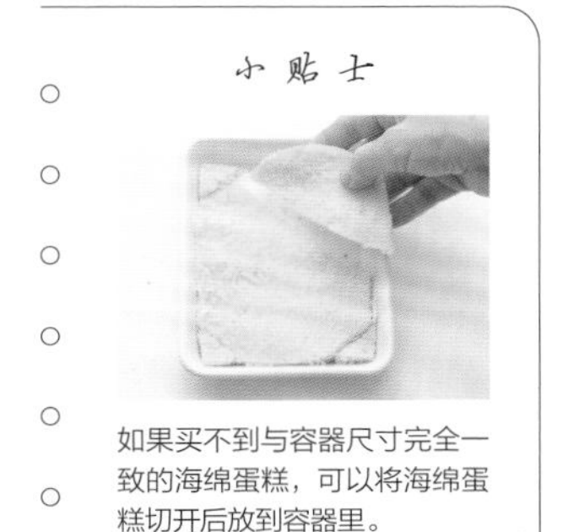

如果买不到与容器尺寸完全一致的海绵蛋糕，可以将海绵蛋糕切开后放到容器里。

制作方法

1） 制作焦糖巧克力酱。将焦糖巧克力棒切成一口大小，放入小锅中，再倒入牛奶，文火加热，巧克力熔化后离火，倒入碗中放至完全冷却。

2） 另取一只碗，倒入奶油，用打蛋器搅打至湿性发泡。

3） 取1/4步骤2）中的奶油，混入步骤1）中的巧克力糊中，然后再倒回步骤2）的碗中，混合搅拌均匀。

4） 将海绵蛋糕切成1厘米厚，铺在瓷容器底部，接着倒入步骤3）的巧克力酱。然后冷藏30分钟左右。

5） 食用前，将香蕉切成薄片，装饰在巧克力蛋糕上。如果需要摆好香蕉片后冷藏，为了避免香蕉片变色，需要用柠檬汁或者橙汁浸泡香蕉片，然后再使用。

MILK TEA JELLY & PUDDING PARFAIT

奶茶冻配布丁芭菲

善用布丁的焦糖酱，
可以一举两得，
做出简单的甜品。
装饰的时候注意侧面看起来要是直线哦！

用 料 [直径约6厘米的玻璃容器2个]

奶茶冻
水：100毫升
牛奶：50毫升
白砂糖：20克
红茶茶包：1包
吉利丁粉：2.5克（1/2包）
水Ⓐ：1+1/2茶匙

打发的奶油
奶油：50毫升
白砂糖：1茶匙

市面上出售的布丁：2个

预先准备

在水Ⓐ中倒入吉利丁粉，化开备用。

制作方法

1）制作奶茶冻。小锅中倒入水、牛奶、白砂糖，中火加热。温热后，放入红茶茶包，盖上盖子闷泡一会儿。

2）在步骤1）中放入化开的吉利丁粉，慢慢搅匀。吉利丁粉溶化后，将杯子的底部浸在冰水中冷却，直至奶茶变稠。

3）将步骤2）中的奶茶均匀地倒入两个玻璃容器中，然后冷藏1小时以上至变硬。

4）打发奶油。碗中放入奶油和白砂糖，用打蛋器搅打至湿性发泡。

5）用勺子盛步骤4）中打发的奶油，放在步骤3）中变硬的奶茶冻上，然后将布丁放在奶油上。

小贴士

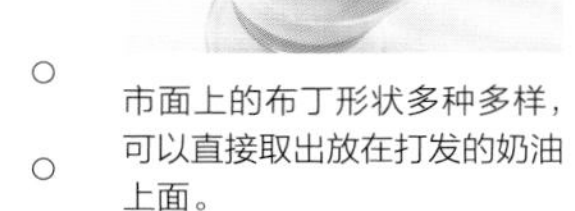

市面上的布丁形状多种多样，可以直接取出放在打发的奶油上面。

MANGO YOGURT

杧果酸奶糕

用合适的比例混合酸与甜，
推荐饿的时候吃哦！
这是一款使用果干制作的甜品。

用 料 ［约20厘米 × 13厘米的瓷容器1个］

饼底
市面上销售的全麦饼干：40克
黄油：25克

酸奶：150克
杧果干：60克
杧果酱：适量

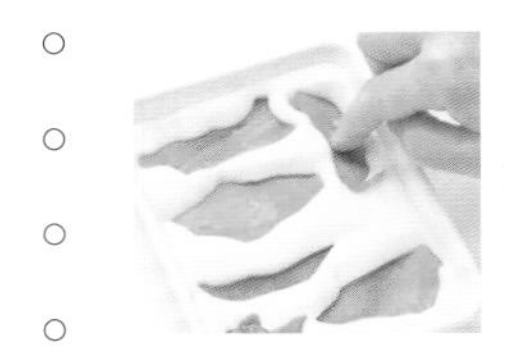

小贴士

为了使杧果干泡在酸奶里变软，需要用指尖轻压杧果干，使其完全浸泡在酸奶里。

制作方法

1） 将全麦饼干放在可密封的食物保鲜袋中，用擀面杖敲成细碎的粉末。

2） 将黄油放入微波用碗，在碗边覆上保鲜膜，微波加热20秒左右熔化黄油。

3） 将步骤1）中的饼干碎倒入步骤2）中的黄油液，用橡胶刮刀搅拌混合均匀，然后铺在瓷容器的底部。再覆上一层保鲜膜，用手将饼干碎压实后，取下保鲜膜。

4） 将酸奶倒入步骤3）的饼干碎上，然后摆放杧果干，浸泡在酸奶里。重复一次这个步骤，最后用酸奶把杧果干盖上。

5） 为了使杧果干彻底变软，将步骤4）中的杧果酸奶冷藏一晚上后，在最上层酸奶表面涂抹杧果酱。

VERY BERRY ICE CREAM

超级莓冰激凌

这是一款杯装的冰点。
只需要在市面上的香草冰激凌中加入
一些果酱就可以轻松完成，
一起来挑战吧！

用 料 [约18厘米 × 10厘米的容器1个]

市面上售卖的香草冰激凌：500毫升
草莓酱：30~40克
蓝莓酱：30~40克

制作方法

1） 将香草冰激凌平均分到三个碗中，分别用木勺搅拌，变软。但是请注意，不要让冰激凌融化。

2） 在一个碗中放入草莓酱，用木勺搅拌均匀。另一个碗中放入蓝莓酱，用木勺搅拌均匀。

3） 在装盘容器中按照草莓冰激凌、香草冰激凌、蓝莓冰激凌的顺序装入，冷藏半天以上，使之变硬。

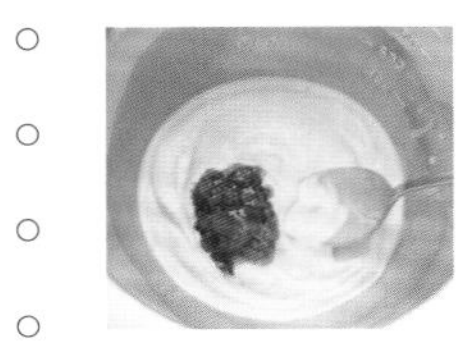

小贴士

少量多次加入果酱，慢慢调整为您喜欢的口味。

FRUIT SANDWICH

水果三明治

孩子也可以轻松制作的三明治，
全都是水果，色彩明亮，
制作过程也会很愉快哦！

用 料 [约 15 厘米 ×8 厘米的容器 1 个]

饼底

市面上售卖的三明治用面包：3片

马斯卡彭奶油

奶油：50毫升

白砂糖：10克

马斯卡彭奶酪：50克

草莓、香蕉、猕猴桃等喜欢的水果（切薄片）：适量

制作方法

1）按照容器的大小切分三明治面包。

2）碗中倒入奶油和白砂糖，用打蛋器缓慢搅打至发泡。然后放入马斯卡彭奶酪，迅速搅拌混合均匀。

3）取一片三明治面包，将步骤2）中的马斯卡彭奶油涂抹在一面上，然后铺在容器底部。

4）将水果薄片贴在容器内壁上，摆放整齐，在容器内部的面包上也铺上水果，然后倒入步骤2）中的马斯卡彭奶油，填满空隙。

5）再取一片三明治面包，将步骤2）中的马斯卡彭奶油涂抹在一面上，然后将涂抹奶油的那面朝下放入容器中，用手轻轻压平。

6）重复步骤4）和步骤5），在三片面包上都涂抹稍微厚一点的马斯卡彭奶油，最后用水果装饰一下。

小贴士

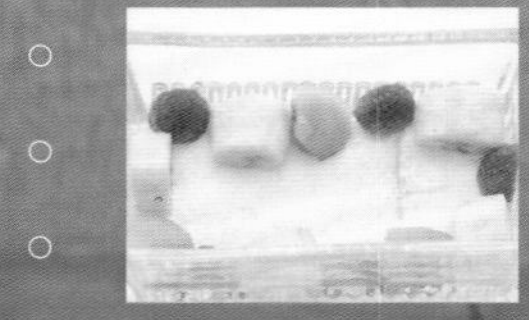

将水果薄片切成差不多的高度，摆在容器内壁上时会更加整齐。

RASPBERRY YOGURT CREAM

覆盆子奶油酸奶杯

使用身边的酸奶，
就能做出简单的甜品。
水果酱和卡仕达酱的美味令人欲罢不能。

用 料 [直径约6厘米×高8厘米的玻璃罐子2个]

饼底
市面上售卖的海绵蛋糕：适量

奶油酸奶酱
奶油：50毫升
白砂糖：1/2茶匙
原味酸奶：15克

卡仕达酱：参见第20页的用料用量的比例，取4汤匙
覆盆子酱：参见第24页的用料用量的比例，取4汤匙

预先准备

制作卡仕达酱，冷却备用（参见第20页）。

制作方法

1） 碗中放入卡仕达酱，用打蛋器重新搅打至顺滑。

2） 制作奶油酸奶酱。另取一只碗，放入奶油和白砂糖，用打蛋器缓慢搅打至发泡。然后倒入原味酸奶，再次打发。

3） 将海绵蛋糕切成2厘米的小块。玻璃杯中依次放入蛋糕块、卡仕达酱、步骤2）中的奶油酸奶酱，然后盖上覆盆子果酱，冷藏1小时左右。

小贴士

步骤2）中，将奶油打发后，再倒入酸奶会更容易打发。

ICE CREAM CHEESE CAKE

冰激凌芝士蛋糕

用冰激凌制作的十分简单的半熟芝士蛋糕。
葡萄柚的酸别有一番风味，
能将整个甜品的味道提升起来。

用 料 [约18厘米 × 10厘米的瓷容器一个]

饼底

市面上售卖的全麦饼干：40克
黄油：25克

冰激淋芝士酱

吉利丁片：4.5克（3片）
奶油奶酪：60克
白砂糖：10克
市面上售卖的香草冰激凌：120克

葡萄柚：半个（适量，装饰用）
粉红葡萄柚：半个（适量，装饰用）
薄荷叶：适量

看分层！

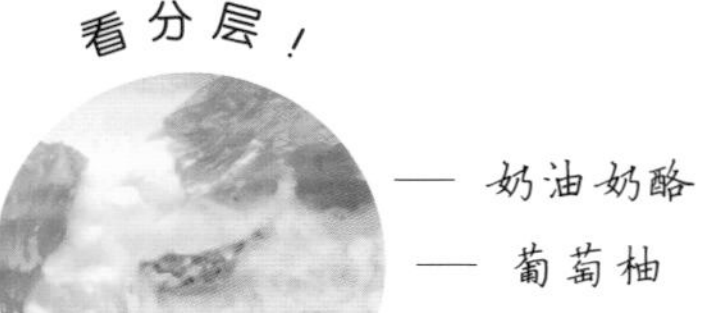

小贴士

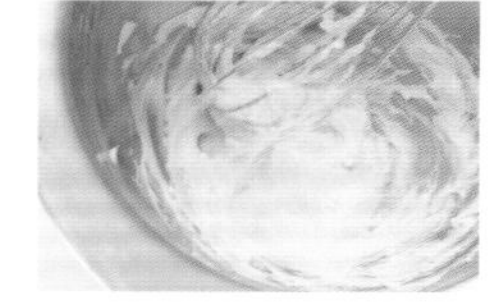

在香草冰激凌变软后，再与其他食材混合，这样会更加容易搅拌均匀。

预先准备

1） 用充足的冰水将吉利丁片泡软备用。

2） 室温软化奶油奶酪。

制作方法

1） 将全麦饼干放在可密封的食物保鲜袋中，用擀面杖敲成细碎的粉末。

2） 将黄油放入微波用碗，在碗边覆上保鲜膜，微波加热20秒左右熔化黄油。

3） 将步骤1）中的饼干碎倒入步骤2）中的黄油液，用橡胶刮刀搅拌混合均匀，然后铺在瓷容器的底部。再覆上一层保鲜膜，用手将饼干碎压实后，取下保鲜膜。

4） 将牛奶倒入微波用碗中，覆上保鲜膜，微波加热30秒。随后放入挤去水分的吉利丁片溶化。

5） 碗中放入奶油奶酪，用打蛋器搅打后，倒入白砂糖混合均匀。

6） 另取一只碗，放入香草冰激凌，用木勺搅拌至变软。接着放入步骤5）中的奶油奶酪酱，搅拌均匀，然后再放入步骤4）中的牛奶，混合。

7） 在步骤3）的饼干碎上倒入步骤6）中的一半冰激凌奶酪，然后摆好去皮的葡萄柚。再倒入剩下的冰激凌奶酪，冷藏3小时左右至变硬。食用前，在冰激凌上摆放水果和薄荷叶作为装饰。

ANMITSU JELLY

馅蜜牛奶冻

用市面上售卖的罐头馅蜜做和风甜品吧！
配上清新爽口的牛奶冻，
十分适合夏天享用。

用 料 [直径约6厘米 × 高8厘米的玻璃罐3个]

牛奶冻
牛奶：120毫升
白砂糖：10克
吉利丁片Ⓐ：3克（2片）

馅蜜冻
市面上售卖的馅蜜罐头：1罐（250克）
吉利丁片Ⓑ：3克（2片）

市面上售卖的熟红豆：100克

小贴士

要在牛奶冻完全冻硬后再倒入馅蜜冻液哦！

预先准备

用充足的冷水分别将吉利丁片Ⓐ和吉利丁片Ⓑ泡软。

制作方法

1）制作牛奶冻。小锅中放入牛奶和白砂糖，中火加热。温热后离火，随后放入挤去水分的吉利丁片Ⓐ溶化。然后将锅底浸泡在冰水中冷却，直至液体变稠。

2）将步骤1）中的牛奶冻液倒入玻璃罐中，冷藏1小时至变硬。

3）在步骤2）的牛奶冻上撒一些熟红豆。

4）制作馅蜜冻。将馅蜜罐头中的糖浆倒一半到微波用碗中，覆上保鲜膜，微波加热30秒左右。然后放入挤去水分的吉利丁片Ⓑ溶化。

5）将馅蜜倒在步骤3）的牛奶冻和红豆上，然后倒入步骤4）中的馅蜜冻液，最后冷藏2小时左右至变硬。

WECK
WECK

图书在版编目（CIP）数据

杯子蛋糕轻松做 / (日)西山朗子著 ； 伊鸣译. —
北京 ： 北京美术摄影出版社，2019.2
ISBN 978-7-5592-0230-7

Ⅰ. ①杯… Ⅱ. ①西… ②伊… Ⅲ. ①蛋糕—糕点加
工 Ⅳ. ①TS213.23

中国版本图书馆CIP数据核字(2018)第295193号

北京市版权局著作权合同登记号：01-2018-5206

责任编辑：耿苏萌
责任印制：彭军芳

杯子蛋糕轻松做
BEIZI DANGAO QINGSONG ZUO

［日］西山朗子　著
伊鸣　译

出　版　北京出版集团公司
　　　　北京美术摄影出版社
地　址　北京北三环中路6号
邮　编　100120
网　址　www.bph.com.cn
总发行　北京出版集团公司
发　行　京版北美（北京）文化艺术传媒有限公司
经　销　新华书店
印　刷　鸿博昊天科技有限公司
版印次　2019年2月第1版第1次印刷
开　本　889毫米 × 1294毫米　1/16
印　张　5
字　数　50千字
书　号　ISBN 978-7-5592-0230-7
定　价　39.00元

如有印装质量问题，由本社负责调换
质量监督电话　010-58572393